WIE LANGE BRAUCHT EINE SCHNECKE zurück in meinen Garten

LV.Buch
Die Begeisterungswerkstatt

WIE LANGE BRAUCHT EINE SCHNECKE zurück in meinen Garten *und* liegt die Antwort wirklich immer IM BODEN?

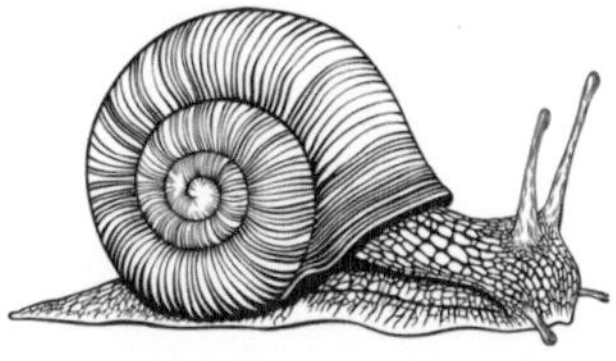

GUY BARTER

Inhalt

Einführung 8

1 **Samen und Pflanzen**

Wieso sind Bäume so groß? 12

Sind Flechten Pflanzen? 14

Wie viele Pflanzenarten gibt es? 16

Wie entstehen neue Pflanzen aus Teilen anderer Pflanzen? 17

Wie alt ist mein Baum? 18

Wieso sind manche Blätter lila? 20

Was ist ein Samen? 21

Woher wissen Samen, wann sie keimen sollen? 22

Was lässt Kräuter duften? 24

Wann ist eine Pflanze ein Unkraut? 26

Wieso kann nur Gras als einzige Pflanze gemäht werden? 28

Wieso entwickeln sich nicht alle ausgesäten Samenkörner? 29

Welches Saatgut kann man im eigenen Garten ernten? 30

Wie lange können Pflanzen leben? 32

Wie schnell können Bäume wachsen? 34

Müssen Samen klein sein, um vom Wind verteilt zu werden? 35

Wieso scheinen Sträucher nach dem Auslichten schneller zu wachsen? 36

Wie lange kann ein Samen leben? 38

Was passiert, wenn der Rasen ein Jahr lang nicht gemäht wird? 40

Was macht einen Strauch zu einem Baum? 41

Wieso sind manche Möhren gerade und andere krumm? 42

Wieso kann man keine Orchideensamen kaufen? 44

Woher kommen Kakteen? 46

Wieso sprechen manche Leute mit Pflanzen? 47

Was sind gebietsfremde Pflanzen? 48

Was ist der Unterschied zwischen Gift- und Speisepilzen? 50

Wieso haben manche Bäume Nadeln? 52

Wieso haben manche Pflanzen Dornen? 53

Was bedeutet „F1“ auf Samentütchen? 54

Wieso gedeihen Wildpflanzen scheinbar problemlos, wohingegen sorgfältig im Garten ausgesäte Pflanzen oft eingehen? 56

Ist die Luft innerhalb einer Paprikaschote anders als die Luft außerhalb? 58

Woher wissen Samen, wo oben ist? 59

Wie schnell fließt Wasser in einer Pflanze? 60

Können Samen durch Wasser verteilt werden? 62

2 Blumen und Früchte

Wieso haben Feigenbäume keine Blüten? 66

Fallen Äpfel wirklich nicht weit vom Stamm? 68

Wieso gibt es so viele verschiedene Blumenarten? 70

Was ist eine gefüllte Blüte? 71

Wie kann man herausfinden, ob eine Blume männlich oder weiblich ist? 72

Was sieht eine Biene, wenn sie eine Blume anschaut? 74

Wie vermehren sich Pflanzen mit samenlosen Früchten? 76

Wieso duften Blumen? 77

Was ist der Unterschied zwischen einer Frucht und einem Gemüse? 78

Wieso produzieren Blumen Nektar? 80

Stimmt es, dass die Blüten der Sonnenblumen der Sonne folgen? 82

Wieso gibt es blaue und pinkfarbene Hortensien? 83

Wieso gibt es in einem Jahr einen Überfluss an Äpfeln und im nächsten Jahr kaum welche? 84

Geht Bambus nach der Blüte ein? 86

Wie produzieren Pflanzen eine so große Vielfalt an Farben? 88

Wieso lässt Pollen manche Menschen niesen? 89

Sind blaue Blumen wirklich blau? 90

Wieso schließen Blumen abends ihre Blüte? 92

3 Unter der Erde

Wie arbeiten Würmer? 96

Bis wohin reichen Wurzeln? 98

Wieso erhöht Regenwasser den Säuregehalt des Bodens? 100

Liegt die Antwort wirklich im Boden? 101

Wie lange bleibt ein toter Baum stehen? 102

Wieso wachsen Pilze oft unter Bäumen? 104

Wie viel von einer Pflanze steckt in ihren Wurzeln? 106

Ist es sinnvoll, in der Erde vorhandene Steine zu entfernen? 107

Wenn ich während eines Gewitters unter einem Baum stehe, kann ich die Bewegung seiner Wurzeln spüren? 108

Könnte ein Baum einen Swimmingpool austrinken? 110

Wieso kommen Steine nach einem Regenguss an die Erdoberfläche? 112

Wenn ein Baum in Brand gerät, brennen auch seine Wurzeln? 113

Wie viel Schaden richten Wurzeln an? 114

Wie lange halten sich Baumstümpfe? 116

Wenn einjährige Pflanzen jedes Jahr im Winter absterben, sterben dann auch ihre Wurzeln ab? 118

Was ist der Grundwasserspiegel? 119

Helfen oder behindern sich die im Erdreich aufeinandertreffenden Wurzeln zweier Pflanzen? 120

Wo endet der Oberboden und wo beginnt der Unterboden? 122

Schadet Feuer dem Boden? 124

Schrumpft trockene Erde im Sommer? 125

Vergifteten die Römer wirklich die Felder ihrer Feinde mit Salz? 126

Wie kommunizieren Würmer? 128

Was passiert mit den Wurzeln, wenn eine Pflanze abstirbt? 130

Was passiert, wenn das Gießen eingestellt wird? 131

Wieso gedeihen Topfpflanzen oft nicht? 132

Kann Erdboden krank werden? 134

Macht das Salzen des Bodens Tomaten auch salzig? 136

Wieso kann Gartenerde nicht für Topfpflanzen verwendet werden? 137

Gibt es Pflanzen, die ohne Erde auskommen? 138

Welche Erde schmeckt am besten? 140

Kann Erdboden hergestellt werden? 142

Gibt es Erdboden unter dem Meer? 143

Wie lange dauert es, bis sich Kompost in Erde verwandelt? 144

Welches Tier macht den besten Mist? 146

Wieso wachsen manche Wurzeln überirdisch? 148

Wird es irgendwann keinen Erdboden mehr geben? 149

Blut, Fisch und Knochen: wessen Blut, was für Fisch und wessen Knochen? 150

Wie viele große Tiere leben im Boden? 152

4 Wetter, Klima und die Jahreszeiten

Stimmt es, dass man Pflanzen nicht gießen sollte, wenn die Sonne scheint? 156

Werden Wurzeln durch Frost beschädigt? 158

Wieso verlieren manche Pflanzen im Herbst ihre Blätter, während andere sie behalten? 160

Benötigen Pflanzen weniger Wasser, wenn es feucht ist? 162

Wieso werden Pflanzen bei Stress grau oder blau? 164

Kann heiße Erde Pflanzen verbrennen? 165

Woher wissen Pflanzen, wann sie ihre Blätter verlieren sollen? 166

Wie lange kann eine Pflanze ohne Wasser überleben? 168

Wieso überleben manche Pflanzen den Frost, manche aber nicht? 170

Woher wissen Blumenzwiebeln, wann sie treiben sollen? 172

Was ist Regenschatten? 174

Wie viel Wasser braucht ein Baum pro Tag? 175

Wieso werden manche Gemüsesorten durch Frost schmackhafter? 176

Wie überleben Pflanzen in der Wüste? 178

Wie überlebt Gras unter einer Schneedecke? 180

Wieso nehmen Blätter im Herbst eine andere Farbe an? 182

Wieso blühen Blumen nicht im Winter? 184

Wie lange kann ein Baum im Dunkeln überleben? 185

Was passiert mit den Fröschen im Teich, wenn er zufriert? 186

5 Im Garten

Wie hält man Spinnen aus seinem Gartenhaus fern? 190

Wann wird aus einem Beet eine Rabatte? 191

Wer hat den Gartenzwerg erfunden? 192

Wieso fressen Schnecken bestimmte Pflanzen, andere aber nicht? 194

Welche Lebensmittel ergeben den besten Kompost? 196

Ist Urin gut für Pflanzen? 197

Wieso wächst Moos auf dem Rasen? 198

Was ist der Unterschied zwischen Nackt- und Gehäuseschnecken? 200

Wo verbringen Bienen den Winter? 202

Muss Rasen aus Gras bestehen? 203

Was ist die Lieblingsnahrung von Vögeln? 204

Wieso ist mein Kompost warm? 206

Wird man mit Bier Schnecken los? 208

Wodurch weiß man, ob ein Teich gesund ist? 209

Wie zieht man Schmetterlinge an? 210

Wie lange braucht eine Schnecke, um in meinen Garten zurückzukehren? 212

Schmecken Kompostwürmer schlecht? 213

Müssen meine Obstbäume wirklich zurückgeschnitten werden? 214

Breitet Rost sich aus? 216

Wieso fressen Schädlinge meine Lieblingspflanzen, verschonen jedoch Unkraut? 217

Stichwortverzeichnis 218

Quellennachweise 224

Einführung

MUSS MAN WIRKLICH WISSEN, wie lange eine Schnecke zurück in den eigenen Garten braucht? Und wenn man es weiß, macht das einen zu einem besseren Gärtner? Als Gartenberater seit mehr als 20 Jahren, zuerst mittels *Gardening Which?* und dann für die *Royal Horticultural Society*, einem britischen königlichen Verein zur Förderung der Gartenkunst, würde ich beide Fragen mit „Ja" beantworten. Wenn Ihre Hände im Garten eifrig mit Graben, Pflanzen, Unkraut Jäten und Auslichten beschäftigt sind, können Ihre Gedanken herumschweifen. Vielen Gärtnern gehen bei der Gartenarbeit zahlreiche Fragen durch den Kopf. Einige dieser Fragen können praktischer Natur sein, andere eigentümlich, und viele können nicht beantwortet werden, ohne über eine große Bandbreite an Fachgebieten Bescheid zu wissen, vom Aufbau des Bodens bis hin zu Pflanzenchemie.

Neue Erkenntnisse zum Thema Garten

Dieses Werk bietet leicht verständliche, detaillierte Antworten zu 130 dieser gar nicht so unwesentlichen Fragen. Obwohl sie vielleicht keine direkte und offensichtliche Anwendung in der praktischen Gartenarbeit bieten, werden Sie feststellen, dass Sie Ihr Wissen über das Gärtnern fast unbemerkt erweitern, da diese Antworten eine Fülle an Informationen liefern, aus denen Sie dauerhaft Nutzen ziehen können. Unter anderem erklären wir Ihnen, wieso eine Pflanze ständig von Bienen besucht wird, während eine andere nur Schmetterlinge anzuziehen scheint, wie viel Platz Baumwurzeln wirklich beanspruchen (und ob sie vielleicht Ihr Haus zum Einsturz bringen könnten) und wie um alles in der Welt verschiedene Bodenarten tatsächlich einige Blumen dazu bringen können, die Farbe zu ändern, und vieles mehr. Gärten sind überall da, wo Natur auf engem Raum anzutreffen ist: Pflanzen, Insekten, Erde, alle haben ihre eigene Arbeitsweise, sowohl isoliert als auch zusammen mit anderen

Hortensien sind wohl die herrlichsten Sommersträucher, aber ihre Farbe hängt von den Bodenbedingungen ab. Das Wissen über den Hintergrund der blauen oder pinken Farbe hilft dabei, das Beste aus ihnen herauszuholen.

Elementen. Sogar auf den kleinsten Flächen ist eine Menge los. Je mehr Neues Sie erfahren, desto klarer wird Ihr Bild von der Gemeinschaft hinter Ihrem Gartentor und umso besser werden Sie verstehen, wie ihre unterschiedlichen Teile arbeiten, von den Würmern im Boden bis hin zu all den Ebenen dazwischen.

Es ist ein Dschungel da draußen

Nicht alles im Garten ist rosig. Die manchmal schockierenden Erkenntnisse, die Sie in diesem Buch finden, sorgen dafür, dass Sie Ihren Garten – oder jede andere bepflanzte Fläche – in einem ganz neuen Licht sehen werden. Oberflächlich betrachtet, mag Ihr Grundstück ruhig, häuslich, vielleicht sogar vorstädtisch wirken, aber wenn Sie nicht glauben, dass die Natur grausam ist, werden einige der nachfolgenden Informationen Sie eines Besseren belehren. (Übrigens: Wussten Sie, dass Nacktschnecken Zähne auf ihren Zungen haben? Kein Wunder, dass Sie sich vor ihnen grausen.) Unter der Erde herrscht das unaufhörliche Geräusch

Tränendes Herz, Lamprocapnas spectabilis, war früher offiziell unter dem Namen Dicentra spectabilis bekannt. Namensänderungen sind nicht mehr so lästig, wenn Sie die Botanik hinter den Pflanzennamen kennen.

von Abermillionen kleiner Organismen, die Abermillionen noch kleinerer Organismen zermalmen. Über der Erde streben die Pflanzen auf verblüffende Weise danach, ihre Blüten zu den prächtigsten und wohlriechendsten zu machen, so dass sie in puncto Aussehen und Duft ihre Rivalen im Wettstreit um sechsbeinige Bewunderer ausstechen. Fortpflanzung ist das Zauberwort, und die skrupellosen Bewohner Ihres Gartens versuchen alles, um dies zu erreichen.

Durch dieses Buch werden Sie jeden Garten viel komplexer, dynamischer und fesselnder finden als zuvor. Nicht nur das: Sie verbessern auch im Handumdrehen Ihre Gärtnerfähigkeiten.

A

SCHNELLE ANTWORTEN

Der Kasten mit dem A unter jeder Frage bietet Ihnen eine Antwort auf die Schnelle in der kürzestmöglichen Form. Im Haupttext können Sie zusätzliche und detailliertere Informationen nachlesen.

Kapitel 1

Samen und Pflanzen

Wieso sind Bäume so groß?

DAS LEBEN IST FÜR PFLANZEN genauso ein Kampf wie für andere Lebewesen, und je größer eine Pflanze ist, desto größer ist die Wahrscheinlichkeit, seine Mitstreiter zu übertreffen und die Oberhand zu gewinnen. Indem sie Schatten werfen und in einem viel geringeren Ausmaß Wasser und Nährstoffe an sich reißen, unterdrücken Bäume anderen Pflanzenwuchs.

Wird ein Garten sich selbst überlassen, überdeckt zunächst einjähriges Unkraut den Boden, dann kommen Gräser und mehr-jähriges Unkraut sowie Gestrüpp hinzu. Danach siedeln sich kleine Pionierbaumarten an, wie beispielsweise Esche (Fraxinus), Birke (Betula), Ahorn (Acer), Eberesche (Sorbus aucuparia), Kiefer (Pinus), Bergahorn (Acer pseudoplatanus) und Weide (Salix). Pionierarten sind oft kurzlebig (ungefähr 80 Jahre). Wenn sie umstürzen, folgen größere Bäume, die den Ton angeben, unter anderem Buche (Fagus), Linde (Tilia) oder Eiche (Quercus). Es kann Hunderte von Jahren dauern, bis diese Klimaxvegetationsbäume ihre ultimative Höhe erreicht haben, bevor eine lange Zeitspanne des Niedergangs beginnt. In Gärten werden die kleineren Pionierbäume bevorzugt, vor allem Birke, Ahorn und Weide sind weit verbreitet. Riesenbäume eignen sich eher für Parks und die Forstwirtschaft.

Raum, um zu wachsen

Für den normalen Beobachter sind Bäume große Dinge, die Schatten werfen und einen einzigen Stamm haben, von dem im Abstand zum Boden Äste abgehen. Jedoch ist Größe nur möglich, wenn Wasser und Nährstoffe

◀ Es muss auch eine genetische Komponente geben, die die Höhe der Bäume begrenzt. Egal wie oft Sie eine Eiche gießen (links außen), sie wird nie die Erhabenheit eines Küstenmammutbaums (Sequoia sempervirens; links) erreichen.

Während ihres Wachstums stellen Bäume Sträucher und andere Pflanzen buchstäblich in den Schatten, da sie ihren Konkurrenten Licht wegnehmen.

verfügbar sind, so dass trockene Gebiete oder felsige sowie Bergregionen von niederen Pflanzen bevölkert werden: Gräser, Sträucher, niedrig wachsende Pflanzen, die sich durch Zwiebeln und Knollen an der Erdoberfläche festhalten.

GEEIGNETE ORTE, UM BÄUME ZU PFLANZEN

Einige Bodenarten, vor allem Lehmböden, schrumpfen bei Austrocknung. Im Sommer ziehen die Bäume Wasser aus dem Boden und dieser schrumpft. Regenfälle im Winter stellen die Feuchtigkeit im Boden wieder her, jedoch erhält er trotz des Aufquellens sein ursprüngliches Volumen nicht zurück. Die Schrumpfung des Bodens nimmt mit der Zeit zu und kann Gebäude in der Nähe beschädigen. Pflanzen Sie daher Bäume möglichst nicht nahe Gebäuden und stärken Sie das Fundament, wenn Sie in der Nähe bereits vorhandener Bäume bauen wollen.

Wieso nicht größer?

Je größer der Baum ist, desto mehr ist er Schäden durch Wind und dem Druck auf die unteren Teile ausgesetzt. Um den unteren Teil des Stammes und die Basis der Zweige zu stärken, muss der Baum das Achtfache der Holzmenge aufwenden, die nahe der Baumspitze oder den Astenden vorhanden ist. Zu einem bestimmten Zeitpunkt überwiegt die Investition im Gegensatz zum Nutzen, so dass eine zunehmende Größe nicht mehr „lohnenswert“ für Bäume ist, auch wenn sie dadurch Rivalen abhängen würden. Diese Grenze ist im windigen Europa schneller erreicht als beispielsweise in ruhigeren kalifornischen Tälern.

▶ Die von den Blättern ausgehende „Saugkraft“ kann nur bis hierher Wasser anheben, und schließlich wächst ein Baum bei Wassermangel nicht höher.

Sind Flechten Pflanzen?

Flechten sind außergewöhnliche Gebilde, die aufgrund einer gegenseitig nutzbringenden, sprich symbiotischen, Partnerschaft zwischen einer Alge und einem Pilz existieren. Die beiden verbinden sich, um eine neue Struktur zu bilden, und die Kombination ergibt ein beeindruckend starkes Ergebnis. Flechten gedeihen auf kargen Oberflächen, wie beispielsweise Ziegelsteinen oder Baumstümpfen, die weniger robuste Organismen besiegen würden.

Welche Eigenschaften muss also eine Pflanze haben? Die Wörterbuchdefinition zu einer Pflanze, die die meisten Leute kennen, lautet: „Ein lebendes Ding, das in Erde oder Wasser wächst (oder manchmal andere Pflanzen besiedelt), einen Stängel, Blätter, Blüten und Wurzeln hat und sich durch Samen vermehrt". Aber diese Definition lässt viele der ungewöhnlicheren Mitglieder der Familie außer Acht. Die Gruppe der „Pflanzen" beinhaltet nicht nur blühende Pflanzen (unter dem Namen Angiospermen bekannt), sondern auch Farnpflanzen und Nadelbäume (Gymnospermen) und, viel weniger für das ungeschulte Auge sichtbar, Algen, Moose und Lebermoose.

Die kelchähnlichen Strukturen der Flechten werden Podetien genannt. Sie tragen reproduktive Organe und sind typisch für die Cladonia. Diese sind weitverbreitet, vor allem auf Baumstümpfen.

Algen: die flexiblen Freunde der Umwelt

Trotz ihrer einfachen Struktur spielen Algen eine wichtige Rolle für die Umwelt, die weit über ihre symbiotische Funktion in der Bildung von Flechten hinausgeht. Sie haben eine wichtige Aufgabe in vielen verschiedenen Ökosystemen.

Flechten werden üblicherweise nicht so ganz für echte Pflanzen gehalten, wohingegen Algen als sehr einfache Pflanzen angesehen werden. Pilze sind eine ganz andere Spezies:

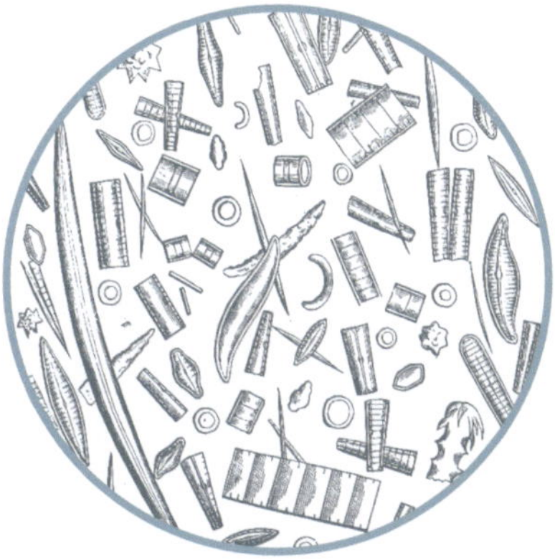

Kieselalgen sind einzellige Algen, die in Süß- und Salzwasser vorkommen. Sie nehmen bis zu 25 % der weltweiten Fotosynthese vor und sind eine wichtige Quelle des Luftsauerstoffs.

Seegräser zum Beispiel sind Algen, und diese kommen beide in Mengen in Süß- und Salzwasser vor. Im Ozean werden winzige, freischwebende Algen als Phytoplankton bezeichnet. Diese sind für mehr als die Hälfte der Fotosynthese auf der Erde verantwortlich. Sie sind also maßgeblich an der Produktion des Sauerstoffs beteiligt, von dem beinahe das ganze Leben abhängt.

Weltherrscher

In Bezug auf weitflächige Kolonisierung liegen Blütenpflanzen bei Wachstum und Fortpflanzung vorne. Andere Gruppen hinken hinterher: Beispielsweise bestehen die Fabaceen (Schmetterlingsblütler) aus ungefähr 18.000 Arten, die gesamte, weltweit verbreitete Farnpflanzenfamilie jedoch nur aus ca. 12.000 Arten.

WURZELN: DAS ERFOLGSGEHEIMNIS

Sieht man die Fähigkeit einer Pflanze, sich in verschiedenen Lebensräumen anzusiedeln, als Kennzeichen ihres Erfolgs an, was sind dann die Vorzüge, die diese Fähigkeit bestimmten Pflanzengruppen verleiht? Wurzeln sind ein wichtiger Faktor: Sie befähigen Pflanzen, Wasser von unterhalb der Oberfläche der Erde aufzunehmen, lassen sie wachsen und sich verteilen und sich in neuen Gebieten unter der Erde ausbreiten. Die Gruppen ohne Wurzeln - Lebermoose und Moose zum Beispiel - haben einen entsprechenden Nachteil: Sie reichen nicht in den Boden und sind so von dem Oberflächenwasser abhängig, um ihre Fläche zu erweitern. Dies funktioniert gut in feuchten Regionen mit viel Regen, ist aber nicht optimal in Dürreperioden.

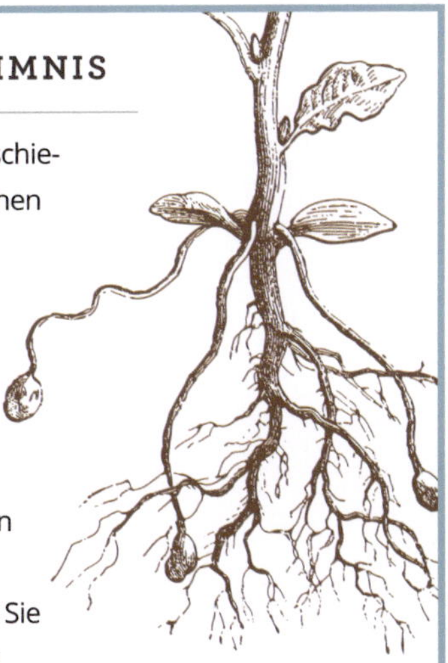

Wurzeln einer Kartoffelpflanze

Wie viele Pflanzenarten gibt es?

Der Gedanke einer realistischen Schätzung hinsichtlich der Anzahl aller weltweit vorkommenden Pflanzenarten ist beängstigend. So ist es nicht verwunderlich, dass sich sogar Experten über eine „tatsächliche" Gesamtzahl uneinig sind.

Einerseits enthält der International Plant Name Index, das international als maßgebliche Quelle angesehene Pflanzenverzeichnis, welches ein Gemeinschaftsprojekt der Royal Botanic Gardens in Kew, dem Herbarium an der Harvard University und dem Australian National Herbarium ist, 1.642.517 Pflanzennamen für das Jahr 2016. Darüber hinaus wächst das Verzeichnis fortwährend an: Allein im Jahr 2015 wurden 1.560 neue Namen hinzugefügt.

Aber nichts ist so, wie es scheint: Die Gesamtzahl in dem Verzeichnis (welches Blütenpflanzen, Samenpflanzen, Farne und Moose auflistet) wird allgemeinhin als übertrieben betrachtet, weil viele Pflanzen mehr als einen Namen haben.

Pflanzen nach Zahlen

Wenn Ihnen diese Zahlen zu groß sind, um damit zu rechnen, können Sie sich mit der kleineren Anzahl von 75.000 Arten trösten, die in dem Pflanzenverzeichnis der Royal Horticultural Society aufgelistet sind. Außerdem sind sie alle für den Gärtner käuflich zu erwerben und können im eigenen Garten ausprobiert werden.

Andererseits haben Kew Gardens und Missouri Botanical Garden gemeinsam ein zweites Verzeichnis erstellt, The Plant List, das Pflanzen mit wasserleitenden Gefäßen, Blütenpflanzen, Nadelbäume und Farne enthält.

Wer hat Recht? Die Plant List ist wahrscheinlich näher an dem tatsächlichen Bestand, und da ständig neue Pflanzen entdeckt werden, könnten Sie ruhigen Gewissens 50.000 Arten zusätzlich hinzufügen und die Gesamtzahl auf ungefähr 400.000 festlegen.

A

Es gibt wahrscheinlich ungefähr zwischen 350.000 und mehr als 1,5 Millionen Pflanzenarten. Das hört sich natürlich sehr vage an, aber dafür gibt es Gründe.

Wie entstehen neue Pflanzen aus Teilen anderer Pflanzen?

DIE BEKANNTESTE ART DER VON PFLANZEN angewandten Vermehrung ist das Aussäen, wobei aus jedem Samen eine neue Pflanze werden kann. Jedoch werden auch Stecklinge von verschiedenen Pflanzenarten genutzt, und einige Pflanzen können anscheinend neue „junge" Pflänzchen von einem winzigen Teil der Mutterpflanze produzieren. Tiere können nicht aus einem einzigen Körperteil neu geschaffen werden, wie machen das also Pflanzen?

Die einfachste Art, in der sich diese Fähigkeit äußert, ist, wenn ein Teil einer vom Hauptteil abgetrennten Pflanze Wurzeln schlägt. Wenn Sie den kleinsten Trieb der Feldminze, eine der zügellosesten Opportunisten in der Pflanzenwelt, in die Erde stecken, wird fast immer eine neue Pflanze daraus. Genauso verbreiten sich einige Baumarten ganz einfach in nassen Gebieten, so zum Beispiel der Hartriegel (Cornus), die Pappel (Populus) und die Weide (Salix). Wenn es zu Überflutungen kommt, brechen Zweige ab, werden fortgeschwemmt und schlagen irgendwo anders Wurzeln aus.

GÄRTNERISCHE MINI-ICHS

In den modernen Pflanzenwissenschaften werden mikroskopisch kleine Pflanzenteile in Labors kultiviert, um Dutzende von winzigen Jungpflanzen zu produzieren. Dieses Verfahren wird Mikrovermehrung genannt.

Pflanzenzellen unterscheiden sich von Tierzellen – jede von den Erstgenannten hat die Fähigkeit, jedes Teil ihrer Mutterpflanze zu reproduzieren und nicht nur eine Zelle den Pflanzenteil, von dem sie ursprünglich stammt. Der zungenbrecherische Begriff hierfür ist Totipotenz.

Nicht jede Pflanze hat es so leicht. Aber ein Händchen für Stecklinge zu haben, ist eins der Markenzeichen eines echten Gärtners, und die Grundlage für Zierpflanzengartenbau ist die Reproduktion erwünschter Pflanzen, die in manchen Fällen mit Stecklingen einfacher zu bewerkstelligen ist als mit Samen.

Es gibt 25 Minzearten und 196 Gartenarten. Die meisten verbreiten sich durch Wurzelausläufer, eine außergewöhnlich schnelle Vermehrung also.

Wie alt ist mein Baum?

ES IST EINFACH, das Alter eines Baumes nach dem Fällen zu bestimmen. Jedoch ist dies schon eine größere Herausforderung, wenn man den Baum stehen lässt. Es gibt aber eine oder zwei Methoden, um eine ungefähre Vorstellung von seinem Alter zu bekommen.

Entstehen der Ringe

In jedem Frühling, wenn die Vegetationszeit beginnt, produziert ein Baum eine neue Schicht Zellen um die Peripherie seines Stammes herum. Das Kambium ist eine Schicht, die sich in Xylem und Phloem aufteilt, zwei Gewebearten, die als Gefäß- oder Kreislaufsystem fungieren. Das Kambium selbst besteht aus zwei Schichten, die äußere Schicht erweitert die Breite des Phloems, die innere Schicht ist Bestandteil der Xylemzellen, welche die Xylemschicht verbreitert.

Man liest das Alter eines Baumes ab, indem man von dem Querschnitt eines Baumstammes die sichtbaren Ringe zählt – jeder Ring entspricht einem Jahr Wachstum.

▼ Von der Markröhre des Hauptsetzlings zum umgebenden Kambium bildet sich jedes Jahr über Jahrzehnte und sogar Jahrhunderte hinweg eine Holzschicht.

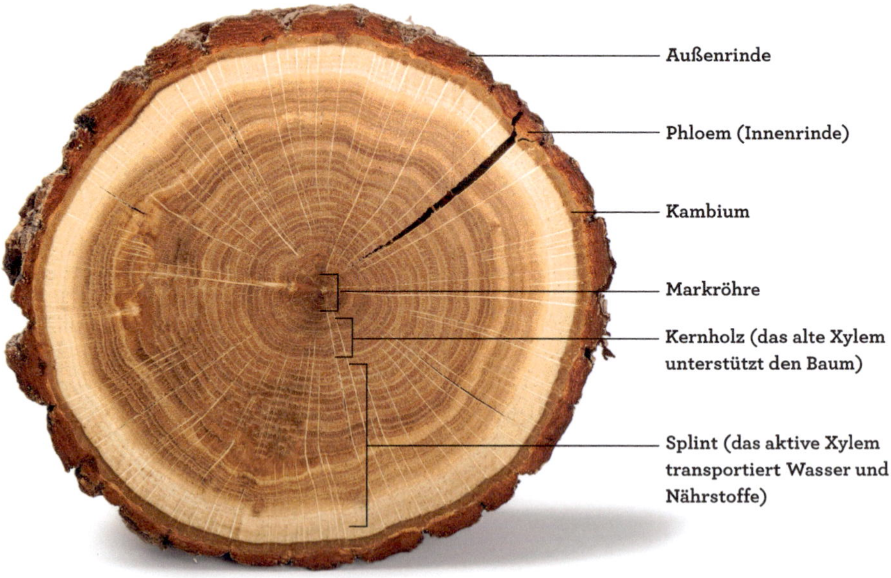

Gemeinsam bilden die zwei Schichten neuer Zellen einen deutlichen Ring innerhalb des Baumstammes – breiter, wenn das Wachstumsjahr gut gewesen ist und der Baum an Masse zugelegt hat, enger, wenn die Wachstumsbedingungen nicht so günstig gewesen sind. Und jedes Jahr wird dieser Prozess wiederholt: Zählen Sie die Ringe, wenn ein reifer Baum gefällt wird, und Sie können das exakte Alter bestimmen. Darüber hinaus gibt die vergleichbare Breite der Ringe dem kundigen Baumleser oder Dendrochronologen Auskünfte über die Klimabedingungen während des gesamten Baumlebens.

DAS ALTER EINES BAUMES BESTIMMEN, OHNE IHN ZU FÄLLEN

Wissenschaftler der Forstkommission in Großbritannien gehen davon aus, dass Sie, wenn Sie den Durchmesser des Baumstammes messen, sein Alter herausfinden können, indem Sie eine Vergleichsstudie mit den Daten von Bäumen ähnlicher Größe durchführen. Der Nachteil dieser Methode ist, dass Sie eine beträchtliche Anzahl an Vergleichsbeispielen benötigen. Sie ist nicht zweckmäßig, wenn Sie nur von ein oder zwei Exemplaren das Alter festlegen wollen.

Für den interessierten Gärtner gibt es eine vereinfachte Methode mit einem Maßband:

- Messen Sie den Umfang des Baumstammes in Zentimetern an einer Stelle einen Meter über dem Boden.
- Teilen Sie dann den Umfang durch 2,5, um das ungefähre Alter des Baumes zu erhalten.

Zum Beispiel entspricht ein Umfang von 150 Zentimetern einem Alter von ungefähr 60 Jahren.

jüngerer Baum = dünnerer Baumstamm

älterer Baum = dickerer Baumstamm

Wieso sind manche Blätter lila?

DIE MEISTEN BLÄTTER IN VOLLEM WACHSTUM scheinen grün zu sein, weil diese reich an Chlorophyll sind, einer Substanz, die an den Membranen der Blätter haftet und das blaue und rote Licht absorbiert, das grüne jedoch stark reflektiert. Wenn die Blätter im Herbst Chlorophyll verlieren, fällt der Filter, den es bietet, weg und stattdessen sehen wir die Herbstblätter in kräftigen Rot- und Orange-Schattierungen. Wieso erscheinen uns dann während des ganzen Jahres einige Blätter tiefrot oder lila?

Blätter, die lila aussehen, sind das Ergebnis zufälliger Mutationen: Sie enthalten große Mengen von Anthocyanen – Pigmente, die grünes Licht absorbieren und rotes/lila Licht reflektieren.

Im Gegensatz zu Chlorophyll sind Anthocyane im Pflanzensaft der Blätter enthalten und das Ergebnis einer Reaktion zwischen Zucker und Proteinen. Bei Pflanzen mit einer hohen Menge an Anthocyanen kann die Farbe ein sattes Lila sein. Anthocyane scheinen der Mutterpflanze keinen Vorteil zu bieten, und die Produktion roter Farbstoffe kostet viel Energie. Deshalb wachsen Pflanzen mit lilafarbenen Blättern langsamer als solche mit grünen Blättern. In der freien Natur sind sie also im Nachteil. Als Kulturpflanzen jedoch begeistern ihre kräftigen Farbtöne viele Gärtner, und bei ihrer Züchtung wird die starke Färbung bestmöglich beibehalten. Es gibt zwei neuere bekannte Zuchterfolge: die Dunkelrote Blasenspiere „Diabolo“ (Physocarpus opulifolius) und der Rotbraunblättrige Schlitz-Holunder bzw. Schwarzer Holunder (Sambucus nigra f. porphyrophylla) – immergrüne, robuste, pflegeleichte Sträucher und optimaler Ersatz für die wunderschönen, aber teuren Sorten Japanischen Ahorn (Acer japonicum) und Roter Fächer-Ahorn (A. palmatum).

▲ Der Rote Perückenstrauch "Royal purple" (Catinus caggygria) ist ein wunderschöner, beinahe baumähnlicher Strauch (5 Meter Höhe) mit dunkellila Sommerblättern und einer roten Herbsttönung.

Was ist ein Samen?

SAMEN VARIIEREN IN IHREM AUSSEHEN SO SEHR, von staubähnlichen Körnern bis hin zu erbsengroßen Klumpen, dass es schwerfällt zu glauben, dass alle dieselbe Aufgabe erfüllen. Dennoch verfügt jedes Samenkorn, ob klein oder groß, über die innewohnende Fähigkeit, eine ganz neue Pflanze zu erschaffen.

Wir kennen nicht den Entwicklungspfad von Samen. Die ersten Pflanzen haben sich vermutlich durch Sporen vermehrt – einzellige Einheiten, die einfacher aufgebaut sind als Samen, aber weniger individuelle Erfolgschancen haben. Mit der Entwicklung der Pflanzen wurden sie nach und nach von Samen überholt, wobei einige einfache Strukturen, wie zum Beispiel Algen und Pilze, noch immer von Sporen abhängig sind. Samen sind bei der Herstellung für die Pflanze kostspieliger, haben aber ein größeres Potenzial: Insbesondere größere Samenkörner produzieren große Setzlinge, was die Chance erhöht, andere Pflanzen auszustechen sowie Angriffe von beispielsweise Schnecken und Käfern zu überleben.

Im Wesentlichen ist ein Samenkorn ein kleines Paket, das eine Miniaturpflanze enthält – Wurzel, Spross, eine oder zwei winzige „Keimblätter“ und etwas Nahrung, um es am Leben zu erhalten, bis der Setzling für sich selbst Fotosynthese betreiben kann.

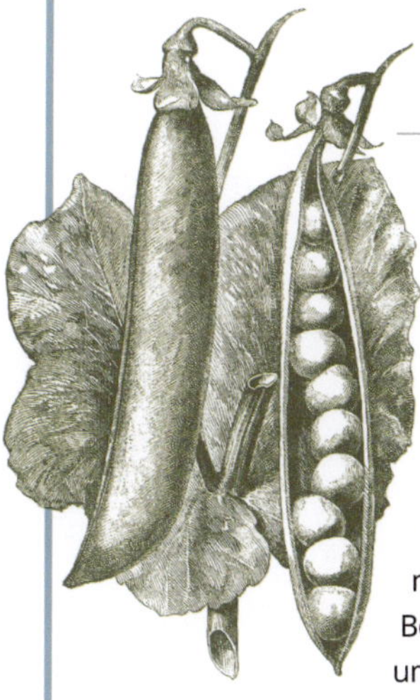

DIE KUNST DER FREISETZUNG UND AUSBREITUNG

Pflanzen können nicht nur Samen produzieren, viele haben sich sogar auch dahingehend entwickelt, ihre Samen weit weg von der Mutterpflanze zu streuen. Dies ist nützlich, denn es erhöht stetig die Verbreitung jeder Art. Die Hülsenfrüchte der Erbsenfamilie haben große Samen, die sich in Schoten entwickelt haben, welche explodieren, wenn sie reif sind. Durch die Explosion werden die Samen in erhebliche Entfernungen fortgeschleudert. Winzige Samen werden vom Wind an neue Orte geweht, während kräftige Exemplare, wie zum Beispiel Eicheln, sich auf Vögel oder andere Tiere verlassen, um in ein neues Gebiet gebracht zu werden.

Woher wissen Samen, wann sie keimen sollen?

KEIMUNG ZUM GÜNSTIGEN ZEITPUNKT ist einer der entscheidenden Augenblicke in der Transformation eines Samens in einen Setzling. Bei richtigem Timing können Keimung und Wachstum schnell und effizient erfolgen, falls nicht, ist eine Keimung und somit auch der Samen zum Scheitern verurteilt.

Sich Zeit nehmen

Obwohl Samen ruhen müssen, benötigen sie auch eine gewisse Keimzeit, da sie sonst ihr Keimvermögen einbüßen (daher sind auf den Samentütchen Begrenzungsdaten für die Aussaat angegeben).

In nördlichen Gebieten produzieren die meisten Pflanzen ihre Samen im Spätsommer und Herbst im Überfluss. Sie haben eine Vielzahl an Mechanismen, um die Keimung zu hemmen, bis die günstigste Zeit des Zyklus ihrer Mutterpflanze beginnt. Einige Pflanzen, insbesondere Mitglieder der Erbsen- und Ginsterfamilie, produzieren Samen mit einer dicken, harten, wasserbeständigen Außenschicht, die mithilfe von Mikroorganismen im Erdreich verwesen muss. Dieser Prozess kann bis zu einem Winter dauern, bis die Schicht abgetragen ist und der Samen keimen kann. Andere Pflanzen produzieren spezialisierte Samen mit noch härteren Hülsen. Diese werden von Vögeln gefressen und verbleiben im Muskelmagen, in dem feiner Kies gespeichert ist. Nach und nach weicht der Kies die Samenkapsel etwas auf, der Vogel scheidet den Samen aus und dieser kann zu keimen beginnen.

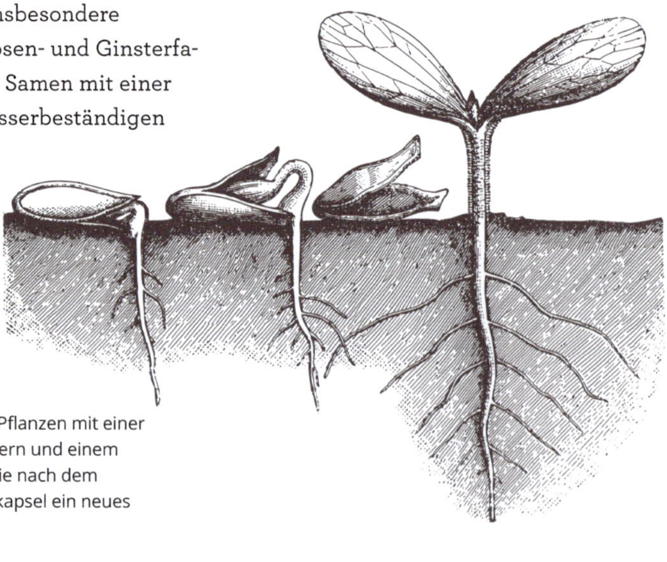

Samen sind fertige Pflanzen mit einer Wurzel, zwei Keimblättern und einem winzigen Haupttrieb, die nach dem Aufplatzen der Samenkapsel ein neues Leben beginnen.

ERFOLG MIT PETERSILIE

Petersilie ist berühmt dafür, nur schwer zum Keimen gebracht werden zu können. Eine herkömmliche Art ist, die Samen auszusäen, sie mit Erde zu bedecken und kochend heißes Wasser darüber zu gießen.

Diese Methode hat tatsächlich eine wissenschaftliche Grundlage: Petersiliensamen haben ein wasserlösliches Keimhemmungsmittel in ihrer harten Schale.

Trotzdem beziehen andere Pflanzen, unter anderem die Rote Bete, Pflanzenchemikalien oder -hormone, entweder in den Samen selbst oder in den sie umgebenden Früchten, ein. Fällt der Samen auf nassen Boden, wird die Chemikalie freigesetzt und der Samen keimt. Bei trockenem Boden setzt die Keimung erst bei Nässe ein.
Der Gärtner kann die natürliche Keimruhe des Samens künstlich unterbrechen und eine Keimung begünstigen. Die Schale einiger Samen kann mit einem scharfen Messer eingeritzt oder leicht mit Sandpapier abgerieben werden. Wasserbeständige Samen können vor dem Aussäen in heißem Wasser einweichen. Sogar jene Samen, die sich an die Verarbeitung im Muskelmagen von Vögeln angepasst haben, kann man dadurch überlisten, indem man sie mit Rasensand vermischt und zwischen zwei Platten zerreibt. Kommerzielle Züchter behandeln sehr harte Samen vor dem Einpflanzen sogar mit Schwefelsäure. Probieren Sie jedoch dies nicht selbst zu Hause.

A

Samen benötigen eine Keimruhe zwischen der „Fertigstellung" durch ihre Mutterpflanze und der Keimung. Manche haben einen Schutz entwickelt, der die Keimruhe bis zum richtigen Zeitpunkt der Aktivierung sicherstellt. In manchen Fällen besteht dieser in einer Außenhülle, die sich erst abbauen muss, bevor der Samen wachsen kann.

Was lässt Kräuter duften?

OBWOHL MENSCHEN NORMALERWEISE DEN DUFT von Kräutern mögen, sind die Bestandteile, die für die verschiedenen Düfte verantwortlich sind, nicht zum Genuss für Menschen da, sondern um die Pflanzen zu schützen. Viele Pflanzen strömen einen Geruch aus, aber nicht alle sind für die Menschen wohlduftend. So riecht beispielsweise die Schwarznessel (Ballota nigra) für uns sehr unangenehm.

Duft: Die Rohsubstanzen

Wir nehmen Duft durch eine feuchte Schicht im oberen Teil der Nasenhöhle, der Riechschleimhaut, auf. Um wahrgenommen werden zu können, müssen Duftmoleküle klein sein, sich bei normalen Temperaturen freisetzen können und öllöslich sein. Die Moleküle sammeln sich auf der Riechschleimhaut, die sie durchdringen und so zu den Riechzellen gelangen, welche direkt mit dem Hirn kommunizieren, wo der Geruch registriert wird. Hier nehmen Sie dann auch den Duft bewusst wahr.

Kräuterpflanzen sind einem komplexen biochemischen Prozess unterworfen, um die zusammengesetzten Moleküle herzustellen, die den Geruch produzieren. Der Duft dient zur Abschreckung oder als Insektenvernichtungsmittel für bestimmte, unerwünschte Insekten.

Jede Pflanzenart kreiert ihre eigene Mischung an Duftchemikalien, um ihren eigenen, unverwechselbaren Duft zu erhalten – die „Formel“ aus Minze (Mentha) beispielsweise enthält Menthol und Methin, während der Duft von Lavendel (Lavendula) aus 47 verschiedenen Bestandteilen besteht, allen voran das uninteressant klingende 1,5-Dimethyl-1-vinyl-4-hexenylbutyrat.

Die ätherischen Öle des Lavendels (Lavendula) schützen dessen Blätter vor Hitze und Licht und dienen als Parfüm, Konservierungsmittel und Balsam.

ANPFLANZEN VON SEHR DUFTINTENSIVEN KRÄUTERN

Sie können die natürlichen Eigenschaften der Kräuter nutzen, um den besten Duft und Geschmack zu erhalten.

Kräuter laufen zur Höchstform auf, wenn Sie sie nicht verwöhnen: Wenn Sie sie zu viel gießen und düngen und die Bedrohung durch räuberische Insekten entfernen, werden sie sich mit einem schwächeren Duft revanchieren. Bieten Sie ihnen stattdessen ein härteres Leben mit schlechtem Boden und seltenem Gießen. Sie werden sich auch außerhalb eines Treibhauses besser entfalten, da das Sonnenlicht sowohl Duft als auch Geschmack begünstigt. Und wenn alle Stricke reißen, können Sie schwereres Geschütz auffahren, indem Sie Pflanzenwuchsregulatoren verwenden, die in Gärtnereien oder im Internet erhältlich sind. Diese enthalten natürliche Hormone, die von den Pflanzen als Schädlingsangriff „interpretiert" werden und sie zu besseren Ergebnissen anspornen, so dass sie intensiver duften und besser schmecken.

Pfefferminze (Mentha × piperita)

Rosmarin (Rosmarinus officinalis)

Salbei (Salvia officinalis)

Basilikum (Ocimum basilicum)

Feldthymian (Thymus vulgaris)

Wann ist eine Pflanze ein Unkraut?

DIE BEKANNTE SCHLAGFERTIGE ANTWORT auf diese oft gestellte Frage ist: eine Pflanze, die dort wächst, wo sie nicht wachsen soll. Es gibt jedoch noch andere Charakteristika, die bei der Definition helfen. Die meisten Gärtner, die sich damit abplagen, Unkraut zu vermeiden oder eher, es aus ihren Beeten zu verbannen, wissen ziemlich genau, was ein Unkraut in Bezug auf den bloßen Störwert ausmacht.

DER KAMPF IM GARTEN

Heimgärtner wissen, dass man ein Unkraut nicht austreiben lassen sollte, weil das Problem dann hundertfach vergrößert ist. Auch wenn Sie keine Zeit zum sorgfältigen Jäten haben, sollten Sie bei der Inspizierung der Beete zumindest Knospen oder Blüten an Unkrautpflanzen entfernen. Später können Sie der Mutterpflanze den Garaus machen.

Eine erstaunliche, aber doch eher deprimierende Statistik besagt, dass sich auf einem Hektar Land mindestens 555 Millionen Samen in der 15 Zentimeter dicken obersten Bodenschicht befinden. Und viele dieser Samen werden nicht Ihr Herz erfreuen, wenn sie schließlich keimen.

Geborene Überlebenskünstler

Unkrautpflanzen haben eine ganze Reihe schlauer Tricks, um zu überleben und zu gedeihen. Sie wachsen schnell und sind oft bemerkenswert produktiv in der Herstellung horrender Mengen an Samen. Einige haben Samen mit einer lang andauernden, erfolgreichen Keimzeit, die erst bei idealen Bedingungen und leichtem sowie festem Halt keimen.

▼ Die Wurzeln des Löwenzahns (Taraxacum officinale) haben überall Ruheknospen (die typischerweise bis 40 Zentimeter in die Tiefe wachsen), so dass sich aus jedem in der Erde verbleibenden Wurzelstück eine Pflanze entwickeln kann.

Landwirte preisen Klee (Trifolium) als proteinreiches Futtermittel für den Viehbestand, das seinen eigenen Stickstoffdünger vorgibt, aber auf schönem Rasen ist er weniger willkommen.

Andere Unkrautarten bilden tiefe, undurchdringliche Wurzeln aus, oder, noch trickreicher, solche, die in kleine Stücke zerfallen, wenn sie ausgegraben werden. So resultiert jeder Versuch, sie loszuwerden, in Dutzenden kleiner lebensfähiger wurzelnder Teile (auch unter dem Namen Ramet bekannt).

Sie imitieren auch oft gerne den Lebenszyklus oder die spezifischen Eigenschaften der (Anbau-)Pflanzen, die sie heimsuchen. Rasenunkraut , wie zum Beispiel der Gartenampfer (Rumex) oder Klee (Trifolium), sind niedrigwachsend und entkommen so dem zerstörerischen Rasenmäher, während das Acker- Fuchsschwanzgras (Alopecurus myosuroides), ein berüchtigtes Unkraut in Getreide, seine Samen kurz vor der Ernte aussät und dann erst bei der Ernte des Wintergetreides zu keimen beginnt.

Die Bezeichnung „Unkraut“ bezieht sich fast immer auf eine Pflanzenkategorie, die sowohl sehr erfolgreich in Gärten und inmitten von Kulturpflanzen gedeiht als auch extrem schwer loszuwerden ist. Unkraut kann den beabsichtigten optischen Effekt in Beeten und Rabatten beeinträchtigen und reduziert den Feldfruchtertrag.

Das Acker-Fuchsschwanzgras (Alopecurus myosuroides) ist eine einjährige Grassorte, die auf Kultur- und Brachland anzutreffen ist. Es ist auch unter den Namen Acker-Fuchsschwanz und Acker-Fuchsschwanzgras bekannt.

Wieso kann nur Gras als einzige Pflanze gemäht werden?

GRAS IST SEIT LANGEM DARAN GEWÖHNT, den grasenden Gewohnheiten der Pflanzenfresser standzuhalten, von Schafen über Bisons bis hin zu Zebras und Antilopen. Das kurzgeschorene, elegante Erscheinungsbild hat es für Menschen interessant gemacht und ist mit der Zeit zu einem sehr menschlichen Fetisch geworden: dem perfekten Rasen. Wie jeder Gärtner weiß, ist es sehr schwierig, einen tadellosen Rasen zu bekommen, aber die Struktur der Graspflanzen tut ihr Bestes, um dieses Ziel zu erreichen.

Vom Boden hochwachsen

Die Zellen, aufgrund deren Teilung die Pflanzen wachsen, werden das Meristem genannt. Pflanzen, die das Grasen interessant machen, wie beispielsweise Gras, wären direkt ausgestorben, wenn sich, wie in vielen anderen Pflanzen, diese Zellen in der oberen Spitze der wachsenden Pflanze befinden würden. Stattdessen hat sich das Meristem mit seinen wachsenden Zellen am Fuße der Pflanze angesiedelt. So werden Pflanzenfresser satt, und das Gras wächst nach dem Rupfen weiter. Mähen wirkt sich wie Grasen aus und hinterlässt eine saubere, gleichmäßige Fläche gesunder Pflanzen.

Der Grund, wieso Graspflanzen ohne Beschädigung gemäht werden können, liegt darin, dass sie im Gegensatz zu Pflanzen mit breiteren, von oben aus wachsenden Blättern von der Basis aus, also bodennah, wachsen.

ELEGANTER RASEN FÜR ALLE

Vor der Erfindung von Rasenmähern, welche elegante Rasenflächen ermöglichten, mussten Gärtner entweder mit einer Schafherde ihre Rasen in Schach halten oder das taunasse Gras mithilfe einer Sense trimmen, was viel Zeit und Geschick erforderte. Während die ersten Rasenmäher von Menschen oder Ponys betrieben wurden, stellen Mähroboter die aktuellste Innovation in der Technologie des Rasenmähens dar. Diese geräuschlosen Geräte mit Zeitschaltuhr können innerhalb eines Gebietes, das durch ein erdverlegtes Begrenzungskabel bestimmt wird, automatisch den Rasen mähen, ohne dass es menschlicher Aufsicht bedarf.

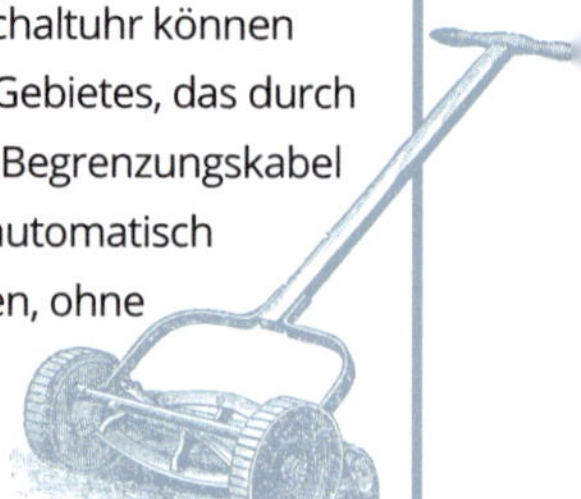

Wieso entwickeln sich nicht alle ausgesäten Samenkörner?

EINE ALTHERGEBRACHTE GÄRTNERWEISHEIT besagt, dass Samen von selbst gezogenen Pflanzen bessere Ergebnisse bringen als solche aus Samentütchen, die in Geschäften erhältlich sind. Aber stimmt dies auch? Und wenn ja, wieso sind selbst gezogene Samen im Vorteil?

Zum Verkauf angebotenes Saatgut wird für gewöhnlich in Ländern mit trockenem Klima und relativ schlechten Arbeitsbedingungen produziert. So sind zum Beispiel Neuseeland und Kenia Hauptherkunftsländer für Garten-Saatgut. Aber dazugehörende Umstände wie Lagerung und Transport zu weit entfernten Märkten erfordern Zeit und können zu Schwankungen in der Luftfeuchtigkeit und Temperatur führen, was die Keimung beeinträchtigt. Bei Ankunft des Saatguts beim Saatguthändler wird es bewertet, wobei die Spitzenqualität an kommerzielle Anbauer geht und das minderwertigere Saatgut mit weniger reichhaltigen Nährstoffreserven günstiger an heimische Gärtner verkauft wird. Danach verbringen die verpackten Samen eine erhebliche Zeit im Ladenregal. Auch hier sind sie wieder Temperaturschwankungen unterworfen. Alle diese Faktoren spielen beim Vergleich von selbst geerntetem mit gekauftem Saatgut eine Rolle. Sie tun gut daran, wenn Sie prüfen, ob das gekaufte Saatgut von einem Saatguthändler stammt oder aus einem Laden. Bei Ersterem ist eine ordnungsgemäße Lagerung und ein zügiger Verkauf wahrscheinlicher.

▲ Nur Kürbissamen aus Pflanzen, die in Isolation zu anderen Sorten gezogen wurden, produzieren den Mutterpflanzen ähnliche Pflanzen, da Kürbisse sich frei kreuzen.

A

Selbst geerntetes Saatgut hat es normalerweise nicht weit, bis es eingepflanzt wird. Im Gegensatz dazu hat kommerziell eingekauftes Saatgut einen langen Weg zurückgelegt und mehrere Verfahren durchlaufen, die seine Lebenskraft negativ beeinflussen können.

Welches Saatgut kann man im eigenen Garten ernten?

DA SELBST GEERNTETE SAMEN generell erfolgreicher sind als gekaufte, versuchen die meisten Heimgärtner auch irgendwann, Samen ihrer Lieblingspflanzen zu ernten und aufzubewahren, sowohl für sich selbst als auch als Geschenk für andere. Es gibt verschiedene Methoden, je nach Pflanzentyp, von dem Sie die Samen nehmen.

Alle Samen können zu Hause geerntet werden: Das Geheimnis für eine erfolgreiche Ernte und nachfolgende Keimung liegt im richtigen Zeitpunkt und in der richtigen Weise der Ernte.

Ernte: wann und wie

Als Faustregel kann man sagen, dass ein Samen ungefähr zwei Monate lang nach dem Blühen reift. Am besten kontrollieren Sie die Pflanzen, von denen sie die Samen ernten wollen, regelmäßig. Bauen Sie dies in Ihren täglichen Gang durch den Garten ein und schätzen Sie, wann die Pflanzen wohl ihre Samen zur eigenen Vermehrung abwerfen. Dies ist die beste Zeit der Ernte. Der Heimvorteil besteht darin, dass Sie ab und zu ernten können, wie es den Pflanzen individuell entspricht, und nicht eine große Ernte wie bei kommerziellen Anbauern vornehmen müssen, wenn manche Samen sich eventuell schon selbst vermehrt haben, andere aber noch nicht so weit sind.

Wenn eine Pflanze Ihrer Meinung nach bald aussäen wird, können Sie Zweige oder Schoten abpflücken und diese in eine Papiertüte geben (besonders geeignet für Schotensamen, die bei

◀ Natürliche Karottensamen sind schrecklich haarig und ineinander verhakt. Abgepackte Samen sind jedoch „abgeschliffen", der „Flaum" ist also entfernt worden, so dass sie einfacher zu säen sind.

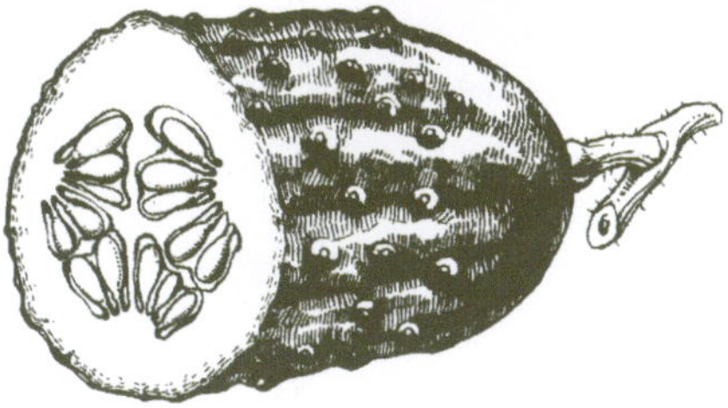

Nach dem Entfernen des Inneren von Tomaten und Gurken gären diese. Die Samen werden danach gewonnen, indem der Brei durch ein Sieb gestrichen wird.

ihrer Reife „explodieren“) oder auf ein mit Zeitungspapier ausgelegtes Tablett legen. Sind die Zweige trocken, schütteln Sie die Samen heraus, füllen Sie sie in kleine Tütchen, die Sie mit dem Namen der Pflanze und dem Erntezeitpunkt beschriften, und lagern Sie sie an einem kühlen, trockenen Ort, bis sie ausgesät werden können.

Einige Samen, wie zum Beispiel Tomaten- und Gurkensamen, müssen von dem breiigen Fruchtfleisch der Frucht getrennt werden. Deshalb ist hier eine andere Methode gefragt. Schneiden Sie die Frucht auf, kratzen Sie vorsichtig die Samenmasse heraus, vermischen Sie sie mit etwas Wasser und lassen Sie sie einige Tage lang gären. Danach kann der Brei einfach weggespült werden. Die verbleibenden Samen werden auf Zeitungspapier oder einem Geschirrtuch getrocknet, bevor sie gelagert werden.

SAMENTAUSCH

Mutige Gärtner haben schon immer selbst gezogene Samen getauscht, zum Beispiel geerbte Tomatensamen gegen ertragreiche Stangenbohnen. Aber auch Tausch-Veranstaltungen kommen immer mehr in Mode. Achten Sie auf Poster und Reklame in den Tageszeitungen, die sogenannte Seedy Sundays ankündigen. Diese bieten eine tolle Gelegenheit, nicht nur neue und interessante Samenarten zu entdecken, sondern auch Gleichgesinnte zu treffen sowie Neuigkeiten und Informationen über die Pflanzenzucht auszutauschen. Wenn auch Sie daran teilnehmen wollen, stellen Sie sicher, dass Ihr Saatgut ordnungsgemäß in kleinen Umschlägen verpackt und korrekt mit Namen und Erntezeitpunkt sowie weiteren nützlichen Informationen über das Wachstum und Eigenschaften der ausgereiften Pflanze beschriftet ist.

Wie lange können Pflanzen leben?

DAS HÄNGT DAVON AB, was mit „leben" gemeint ist. Einige Pflanzen sind durch Vermehrung geradezu unsterblich geworden: Sie erneuern sich ständig selbst durch ihre aussäenden Knospen und Triebe. Trauben (Vitis) gehen wahrscheinlich auf die Antike zurück: „Sultana" und „Schwarze Korinthe" sind vermutlich zweitausend Jahre alt.

Wenn Sie Vermehrung außen vor lassen, haben Pflanzen eine messbare Lebensdauer. Bäume sind die langlebigsten Pflanzen, aber auch sie leben nicht für immer. Die meisten Bäume sterben nach ungefähr 500 Jahren ab, obwohl es Ausnahmen von dieser Regel gibt. Viele leben beträchtlich länger.

Pflanzen unterscheiden sich von Tieren darin, dass sie ungleichmäßig altern. So altert der Schwanz eines Tigers in demselben Maße wie seine Ohren und Leber, aber die wachsenden Spitzen der Baumschösslinge und Wurzeln können über Jahrhunderte hinweg jung und aktiv bleiben, während der Hauptteil der Pflanze im Niedergang begriffen ist. Bäume sind sogar in der Lage, Schäden aufzuteilen, eine Fähigkeit, die sie trotz schwerwiegender Beschädigungen, einschließlich Heimsuchungen durch Schädlinge und Krankheiten, überleben lässt.

Die griechische Traubensorte „Schwarze Korinthe" (Vitis) wird schon seit über 2.000 Jahren getrocknet, um Korinthen daraus herzustellen. Diese Pflanzen aus der Antike sind durch Vermehrung praktisch unsterblich geworden.

DIE ÄLTESTEN BÄUME DER WELT

Extrem langlebige Arten von Bäumen scheinen individuelle Strategien entwickelt zu haben, um durchzuhalten. Küstenmammutbäume (Sequoia sempervirens) beispielsweise können unter den richtigen Bedingungen erstaunlich groß werden, so dass sie ihr lebendes Gewebe mehrere Tausend Jahre instandhalten können, während Eiben (Taxus) ihren eigenen Niedergang in beträchtlichem Maße selbst steuern können: Sie höhlen aus, wohingegen die Basis an Breite zunimmt und ganze Baumteile abfallen, andere jedoch nachwachsen. Einige Exemplare werden auf nahezu 5.000 Jahre geschätzt. Die Borstenkiefer (Pinus longaeva), die in der Wüste von Nevada in den USA wächst, hat die karge Umgebung zu ihrem Vorteil genutzt, indem sie ihr Wachstum beinahe bis zum Stillstand verlangsamt. Ein Beispiel hierfür, das den Spitznamen Prometheus trug und 1964 gefällt wurde, wies 4.900 Wachstumsringe auf.

Borstenkiefer (Pinus longaeva)

Ebenso sterben die meisten Bäume nach ca. 500 Jahren ab. Ihre Größe ist ihr Untergang, denn schließlich werden sie riesig und müssen eine große Masse lebenden Gewebes unterstützen, so dass sie nicht genug Nahrung für fortwährendes Wachstum erzeugen können. Und wenn sie nicht ausreichend mit Nahrung versorgt werden, bauen sie ab, verlieren Äste und werden kleiner und kleiner, bis sie keinen Stamm mehr haben – sie wachsen förmlich zu Tode.

Sich bis ins hohe Alter schummeln

Es gibt einige rühmliche Ausnahmen, die Methoden entwickelt haben, um das zu-groß-um-zu-leben-Problem zu umgehen. Die Eiche (Quercus) ist dazu übergegangen, abzusterben und dann wiederaufzuleben. Scheinbar erholen sich todgeweihte Exemplare und produzieren wieder kleinere Triebe weiter unten am Baum. Gewöhnlich setzen die oberen Triebe und Äste eines Baumes während des Wachstums Hormone frei, die die niedrigeren Keimlinge unterdrücken, aber die Eiche scheint in der Lage zu sein, den Prozess umzukehren und wieder zu wachsen, bevor sie, ein gutes Jahrhundert später, einem neuen Abbauungszyklus unterworfen ist. Auf diese Weise kann die Eiche ihre Lebensdauer weit über die natürliche Zeitspanne der meisten Bäume hinaus ausdehnen.

Wie schnell können Bäume wachsen?

DIE GESCHWINDIGKEIT, IN DER BÄUME WACHSEN, hängt von zahlreichen Faktoren ab, vor allem davon, ob es sich um einen von Natur aus schnell oder langsam wachsenden Baum handelt. Andere Faktoren sind Temperatur, Lichtstärke, Menge der vorhandenen Feuchtigkeit, und ob ein junger Baum Zugang zu ausreichend Nährstoffen hat. Sind alle diese Bedingungen gegeben, können einige Baumarten überraschend schnell an Größe zulegen.

Leb schnell, stirb jung

Junge Bäume wachsen schneller als alte: Beim Querschnitt des Stammes eines gefällten Baumes fällt auf, dass die ältesten Ringe näher zum Zentrum des Stammes generell viel breiter sind als jene an der Außenseite. Je mehr sich der Baum dem Ende seiner natürlichen Lebensdauer nähert, desto langsamer wird sein Wachstum.

▼ Einzelne Bäume neigen dazu, weit ausgebreitete Äste zu entwickeln, wohingegen zusammenstehende Bäume mit ihren Mitstreitern um Licht wetteifern und stark in die Höhe mit enganliegenden Ästen wachsen.

Sobald der Jahresring auf ungefähr 0,5 mm schrumpft, steht der Baum auf der Schwelle des Todes. Einige Baumarten, wie zum Beispiel die Birke (Betula), leben schnell und sterben jung. Nur wenige werden älter als 80 Jahre, ein junges Alter für einen Baum. Sie produzieren jedes Jahr einen breiten Wachstumsring, bis sie plötzlich altern und rasch eingehen. Gärtner müssen sich zwischen schnell wachsenden Bäumen oder solche für die Nachwelt entscheiden: Eine Birke reift leicht und bereitet Freude während der Lebenszeit, eine Eiche (Quercus) ist definitiv eine Investition für nachfolgende Generationen.

In den Tropen kann Bambus bis zu 50 Zentimeter an einem einzigen Tag wachsen. Europäische Bäume haben es nicht so eilig: Sie wachsen nicht im Winter und haben nicht genug Licht und Wärme, um sogar im Sommer schnell zu wachsen, aber je nach Art legen die meisten immerhin 15-50 Zentimeter jedes Jahr an Höhe zu.

Müssen Samen klein sein, um vom Wind verteilt zu werden?

WIND IST EINER DER HAUPTFAKTOREN der Samenverteilung. Samen haben eine Reihe von Möglichkeiten entwickelt, aus den natürlichen Luftbewegungen Vorteile zu ziehen, um sich so weit wie möglich in einem Gebiet zu verteilen. Dazu gehört normalerweise eine Art Behelf in der Außenhülle des Samens, der unterstützend bei Wind einwirkt.

Die meisten vom Wind transportierten Samen sind winzig: Orchideensamen sind kaum größer als ein Staubkorn. 1.000 Weidensamen wiegen gerade mal 0,05 g. Jedoch sind Pflanzen talentierte Aerodynamiker. Die Samen des Bergahorns (Acer pseudoplatanus) sind relativ groß (1.000 Samen wiegen 97 g), aber aufgrund ihrer „Helikopter"-Form können sie bei der richtigen Brise weit davongetragen werden. Die größten aerodynamischen Samen gehören wahrscheinlich der Alsomitra (Alsomitra macrocarpa), einer tropischen Pflanze, die Samen mit 15 Zentimeter langen Flügeln hervorbringt. Vermutlich sind solch große Samen sehr „teuer" zu produzieren, was erklärt, warum die Pflanze nur eine verhältnismäßig kleine Anzahl davon entwickelt. Pflanzen, die vom Wind transportierte Samen nutzen, sind eher Opportunisten: Die Weide (Salix) (0,5 g pro 1.000) sät typischerweise an Land, aber auch unter Wasser aus, während die gemeine Esche (Fraxinus excelsior; 60-80 g pro 1.000) als erste an Stellen wächst, wo umgestürzte Bäume liegen.

A Die meisten vom Wind transportierten Samen sind winzig. Einige größere Samen sind mit Hilfsmitteln wie Flügeln und Fallschirmen ausgestattet, so dass sie vom Wind weitergetragen werden und große Entfernungen zurücklegen können.

▼ Das Hirtentäschel (Capsella bursa-pastoris) verteilt bis zu 50.000 Samen aus seinen Kapseln in die Luft. Manchmal wird der gesamte Stiel weggeweht.

Wieso scheinen Sträucher nach dem Auslichten schneller zu wachsen?

DAS SCHLÜSSELWORT HIER IST „SCHEINEN“: Wenn Sie das Wachstum eines Strauches nach einem Jahr messen, wäre er nach dem Auslichten kleiner, als wenn er nicht zurückgeschnitten worden wäre. Aber Sträucher können sich auch nach einem intensiven Rückschnitt schnell erholen, und der Wachstumsschub, der oft direkt danach einzusetzen scheint, kann bei Gärtnern den Eindruck hervorrufen, dass die Pflanzen nach einem Rückschnitt tatsächlich größer werden.

Wie der Wachstumsschub vonstattengeht

Das Wurzel-Trieb-Gleichgewicht ist die gegenseitige Abhängigkeit zwischen den Wurzeln (die zur Wasser- und Nährstoffversorgung der Pflanze notwendig sind) und den Trieben (die der Pflanze Zucker zuführen, der durch die Fotosynthese in den Blättern der Pflanze entsteht). Es müssen gesunde Wurzeln vorhanden sein, um die Triebe zu ernähren. Und wenn die Triebe zurückgeschnitten sind, begünstigen die Wurzeln neues Wachstum, um dies auszugleichen.

Die Spitzen der Zweige, in denen die Zellteilung und das Wachstum der Pflanze stattfinden, nennt man Apizes. Eine ihrer Aufgaben besteht im Rücktransport von hinderlichen Hormonen den Zweig herunter. So können tiefer sitzende Knospen nicht treiben und das Wachstum ist auf die Spitzen der Zweige gerichtet. Fachsprachlich ausgedrückt, „dominieren“ sie diese niedrigen

▼ Apikaldominanz, die Dominanz der Knospen über andere, die weiter unten an der Pflanze sitzen, definiert die Art und Weise, wie Pflanzen wachsen und wie sie auf Rückschnitt reagieren.

A

Schnelles Wachstum bei einem Strauch direkt nach dem Rückschnitt hängt von zwei Faktoren ab: das natürliche Wurzel-Trieb-Gleichgewicht und ein komplizierteres Phänomen mit dem Namen Apikaldominanz.

Knospen. Schneiden Sie jedoch beim Auslichten die Spitzen der Äste ab, gelangen die Hormone nicht mehr zu den niedrigeren Knospen. So ist die Hemmung aufgehoben; mehrere Triebe treiben direkt unterhalb der Rückschnittstelle explosionsartig aus.

Wenn der Strauch sich sein Wurzel-Trieb-Gleichgewicht begierig wieder zu eigen macht und die Apikaldominanz zugunsten vieler Triebe an jedem Zweig freigegeben wird, könnte sich ein unerfahrener Gärtner fragen, wieso er die Zweige zurückgeschnitten hat.

Der japanische Spierstrauch (spirea japonica): Jeder dritte Stängel wird nach der Blüte vollständig entfernt, um den Busch kompakt zu halten und damit neue Triebe hervorgebracht werden können, die optimal blühen.

VORSICHTIGER RÜCKSCHNITT

Erfahrene Gärtner verteilen einen intensiven Rückschnitt über mehrere Jahreszeiten, um drastische Veränderungen in der Länge der Triebe zu vermeiden und die sich daraus ergebenden „Wasser"triebe auszudünnen (jene, die schnell aufplatzen, oft in einem aufgrund des Rückschnitts eher unschönen Wuchsmuster), wobei genug zurückgelassen wird, um die Wurzeln der Pflanze zu erhalten, aber nicht so viele, dass sie ihre ehemalige Größe zurückerhält.

Die Blut-Johannisbeere (Ribes sanguineum) ist ein unschätzbarer Frühblüher. Das Entfernen eines jeden dritten Stängels auf Bodennähe nach der Blüte verhindert ihre Tendenz, „sich zu dehnen".

Wie lange kann ein Samen leben?

IMMER WIEDER LIEST MAN, dass Samen, die an einer Ausgrabungsstelle gefunden wurden, noch nach Jahrhunderten ausgetrieben haben. Während der Beweis hierfür manchmal zweifelhaft ist, ist es sicherlich richtig, obwohl von der Mutterpflanze abgeworfene Samen sofort in ihrer Keimkraft nachlassen, dass der Prozess verlangsamt ist und durch sorgsame Lagerung noch weiter verlangsamt werden kann.

A

Werden Samen unter sehr trockenen und sehr kalten Bedingungen gelagert, können sie nachweislich mehrere Jahrhunderte lang überleben. In den Händen von Gärtnern ist ein Großteil des Gartensaatguts viel kurzlebiger!

Spätzünder

Es gibt einige bestätigte Rekordbrecher, wenn es um den weltweit existenzfähigsten Samen geht. Die eingelagerten Samen der Indischen Lotosblume (Nelumbo) sind schon mehrfach von altertümlichen Stätten entnommen worden und haben in der Folge gekeimt, sogar bei einem Alter von ca. 1.000 Jahren (diese Samen haben sogar die Regel „trockene und kalte Lagerung" gesprengt, da sie im Wasser gefunden wurden, aber das macht Sinn, da die Lotosblume eine Wasserpflanze ist). Die Samen der Dattelpalme (Phoenix dactylifera) hat angeblich sogar nach 2.000 Jahren Lagerung gekeimt. Der Gesamtsieger jedoch ist das Saatgut des Leimkrautes (Silene), vom dem russische Wissenschaftler behaupten, dass es nach einer 32.000-jährigen Pause wieder gekeimt hat. Sollte das Experiment wiederholt werden können, wird der Grenzwert der Langlebigkeit von Samen erheblich zurückgesetzt werden müssen.

Seit mehr als 5.000 Jahren wächst die Dattelpalme (Phoenix dactylifera) in sehr heißen und trockenen Gebieten mit viel Grundwasser, etwa an Oasen.

DRINNEN AUF LANGE SICHT

Samen- oder Genbanken sind Bestände von Samen, deren Überleben in der Wildnis oder auf Anbauflächen bedroht ist, die aber womöglich eine Schlüsselrolle in der Züchtung von Nahrungspflanzen oder der künftigen Aufrechterhaltung der Biodiversität spielen. Die meisten Banken verlassen sich auf kostenintensive und potenziell unverlässliche Tiefkühlung, aber das Global Seed Vault (Globales Depot für Pflanzensamen) auf der arktischen Insel Spitzbergen bewahrt seine Samen in nahezu idealen Lagerbedingungen in langen Tunneln, die in den Berg aus gefrorenen Felsen gebohrt wurden, auf. Gegenwärtig lagern dort mehr als 860.000 Proben bei einer Temperatur von –18°C. Die Wissenschaftler, die das Depot leiten, gehen davon aus, dass diese Samen mindestens mehrere Jahrhunderte ohne Qualitätsverlust überdauern. In einer alltäglicheren Umgebung, nämlich im eigenen Garten, sind im Folgenden die Lebensdauer Ihrer eigenen Samen aufgeführt:

Bis zu drei Jahren:
Löwenmäulchen (Antirrhinum), Fingerhut (Digitalis), Kopfsalat, Lauch und Zwiebel, Stiefmütterchen (Viola x wittrockiana), Petersilie, Pastinake, Zuckermais.

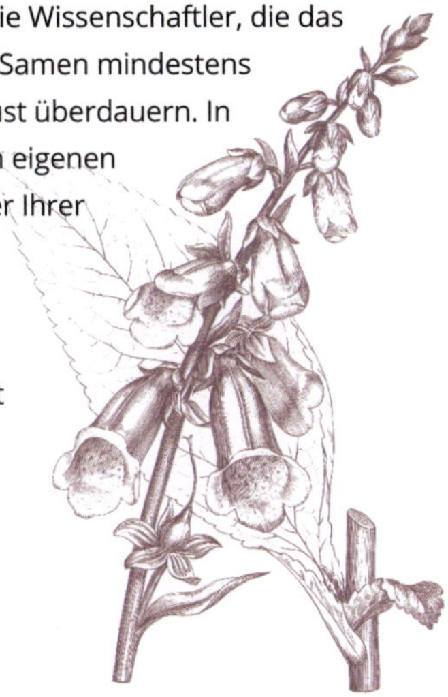

Roter Fingerhut
(Digitalis purpurea)

Bis zu sechs Jahren:
Broccoli, Möhre, Zucchini, Gurke, Kapuzinerkresse (Tropaeolum), Tabakpflanze (Nicotiana), Schöterich (Erysimum), Zinnie (Zinnia).

Bis zu 9 Jahren:
Kohl, Steckrübe, Weißrübe

Bis zu 10 Jahren:
Garten-Rettich, Tomate

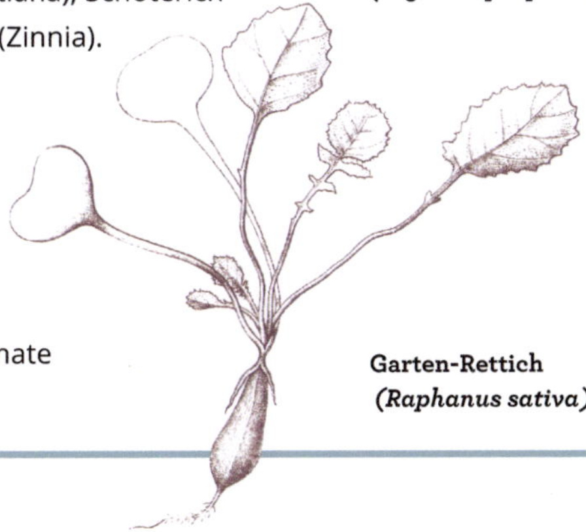

Garten-Rettich
(Raphanus sativa)

Was passiert, wenn der Rasen ein Jahr lang nicht gemäht wird?

EINER DER HAUPTFAKTOREN, der einen Garten gartenähnlich bleiben lässt, ist regelmäßiges Mähen. Was passiert wohl, wenn Sie nicht mehr mähen, und das nicht nur eine Woche lang, sondern über Monate oder sogar Jahre? Die Antwort liegt in den Pflanzen, die zum Großteil Ihren Garten ausmachen.

Rasen sind künstliche Lebensgemeinschaften, die durch Mähen und Düngen gepflegt werden, wodurch das kurze und aus Gewohnheit oft „kriechende" Gras in Form gehalten wird. Mit zunehmender Reife des Rasens schleichen sich jedoch Unkräuter wie zum Beispiel das wohlklingende Wollige Honiggras (Holcus lanatus) ein. Hört die Kontrolle auf, kriegt es sich mit den anderen Pflanzen buchstäblich in die Wolle und gewinnt schnell die Oberhand. Wenn noch mehr Zeit vergeht und die Monate zu Jahren werden, nehmen die Jungpflanzen an Größe zu. Vögel scheiden Obstkerne aus und Eichhörnchen vergraben Eicheln und Nüsse, während luftgetragene Samen wie beispielsweise der Ahorn (Acer pseudoplatanus) und die Esche (Fraxinus) sich einstellen. Ein Wald entsteht. Innerhalb von einem oder zwei Jahrzehnten machen kurzlebige Bäume wie die Birke (Betula) oder die Weide (Salix) der Esche und der Eiche (Quercus) Platz. Über kurz oder lang ist die Landschaft vollständig wild, so dass Biber zurückkehren können.

Rasengras eignet sich dazu, von Schafen oder anderem Vieh gefressen zu werden. Moderne Rasen werden von Rasenmähern „abgegrast". Wird der Rasen sich selbst überlassen, sieht sich das Rasengras der Konkurrenz längerer Grassorten und größerem, robusterem Unkraut ausgesetzt.

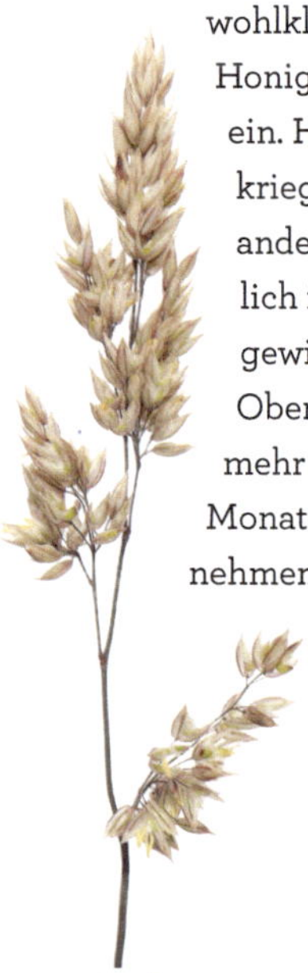

Wolliges Honiggras (Holcus lanatus)

Was macht einen Strauch zu einem Baum?

DIE EINFACHE ANTWORT IST, dass Bäume einen einzigen Hauptstamm und Zweige weit über dem Boden haben. Das Wachstum erfolgt hauptsächlich an der Baumspitze. Sträucher hingegen haben mehrere Stämmchen, die von der Basis oder knapp über dem Boden wachsen. Jedoch gibt es natürlich auch Ausnahmen von dieser Regel.

Einige Bäume, zum Beispiel die Hasel (Corylus), sind sehr groß, treiben jedoch naturgemäß mehrere Stämme/Äste in Bodennähe aus, während andere Gattungen, beispielsweise die Edelkastanie (Castanea) und verschiedene Weidenarten (Salix) alle 10 bis 15 Jahre zurückgeschnitten werden, damit sie viele lange, schnell wachsende Stämme hervorbringen. Diese werden als Leichtholz in der Landwirtschaft, im Bauwesen, bei der Zaunherstellung und im Gartenbau verwendet. Wie ist es mit der Größe? Das ist auch kein eindeutiger Faktor. Die professionelle Sichtweise von Förstern und Landschaftsgärtnern ist, dass eine mehr als 8 Meter hohe Pflanze ein Baum ist. Für einen Heimgärtner hingegen kann ein „Baum" eine viel kleinere Pflanze sein. Andererseits können Sträucher genauso groß oder breit wie einige der kleineren Baumarten sein. Bei einem kleinen Garten können Sie Pflanzen, die eigentlich Sträucher sind, dazu bringen, größer zu werden und die Anzahl ihrer Stämmchen zu reduzieren. Drei Bäume, die hierfür infrage kommen, sind der Perückenstrauch (Cotinus coggygria), die Kanadische Felsenbirne (Amelanchier canadensis) und die Rosa Frucht-Eberesche (Sorbus vilmorinii).

A Sträucher haben keinen Hauptstamm, sondern mehrere Stämmchen, die am oder knapp über dem Boden hochwachsen. Bäume haben einen einzigen Hauptstamm und treiben ihre Äste ein gutes Stück über dem Boden aus. Das meiste Wachstum findet in der Spitze statt.

▼ Sträucher sind die harten Burschen in der Pflanzenwelt und wachsen da, wo Bäume den Kürzeren ziehen. Sie haben nicht nur einen Stamm, sondern streuen das Risiko durch mehrere Stämmchen.

F Wieso sind manche Möhren gerade und andere krumm?

WENN SIE IHRE MÖHREN im Supermarkt kaufen, kann man es Ihnen verzeihen, wenn Sie denken, dass alle Möhren kerzengerade und gleichmäßig geformt sind und manchmal mit perfekten Haarknoten aus strahlend grünen Laubwedeln versehen sind. Wenn Sie sie jedoch selbst anpflanzen, wissen Sie, dass die Wahrheit ganz anders aussieht.

Sensibles Gemüse

Es gibt eine lange Reihe an Umständen, die Möhrensamen verärgern können, so dass sie sich gabeln oder krumm wachsen. Werden sie aus Saatkisten in den Boden gepflanzt, vergabeln sie sich fast ausnahmslos. Wenn der Boden, in dem sie wachsen, verdichtete Schichten hat, steinig oder staunass ist, wird die Möhre krumm, verzweigt sich und wächst um Hindernisse herum. Ungeschicktheit oder das Ausdünnen von Sämlingen zu einem späteren Zeitpunkt als gewöhnlich können die Möhren auch aus der Fassung bringen und ein verschrumpeltes oder deformiertes Ergebnis zur Folge haben, ebenso wie ein übermäßiges Hacken und Jäten.
Mikroskopisch kleine Würmer, „Stoppelwurzelälchen", können auch dafür

◀ Orangefarbene Möhren, von den Niederländern im 15. Jahrhundert eingeführt, ersetzten die schwarzen, lilafarbenen und weißen. Heutzutage werden 700.000 Tonnen Möhren jährlich in Großbritannien angebaut.

A Möhrensämlinge haben sehr empfindliche Wurzeln, sind leicht zu verärgern und auch gegenüber geringfügigen Störungen des Bodens verletzlich. Sie sind auch anfällig gegenüber Räubern, was ihre Wurzelentwicklung beeinträchtigt.

verantwortlich sein, wenn Möhren in aufeinanderfolgenden Jahren an derselben Stelle und nicht regelmäßig rotierend angebaut werden. In dem Fall verlagern Sie besser Ihr Möhrenbeet. Für krumme Möhren findet sich aber auch Verwendung, etwa als Viehfutter und zunehmend auch speziell verpackt mit der Beschriftung „nicht dem Standard entsprechend" zum reduzierten Preis in den Läden. Dies spiegelt ein allgemein wachsendes Bewusstsein für Lebensmittelverschwendung wider. Das schwierigere Schälen wird durch den niedrigeren Preis ausgeglichen.

WIE MAN DIE PERFEKTE MÖHRE ANBAUT

Sie können es den Spezialisten gleichtun, die die Exponate auf Gartenschauen anbauen. Und so geht's:

- Füllen Sie einen großen, zylinderförmigen Behälter, wie z. B. ein 180-Liter-Ölfass, mit grobem Sand.
- Machen Sie mit einer Brechstange kegelförmige Löcher in den Sand, nicht mehr als sechs pro Fass – und füllen Sie sie mit einer aus gleichen Teilen bestehenden Mischung aus gesiebtem, sterilem Boden und organischem Kompost (Spezialisten fügen auch manchmal Nährstoffe hinzu, die Sie online oder bei Ihrer Gärtnerei vor Ort kaufen können).
- Säen Sie die Möhrensamen in die Löcher.

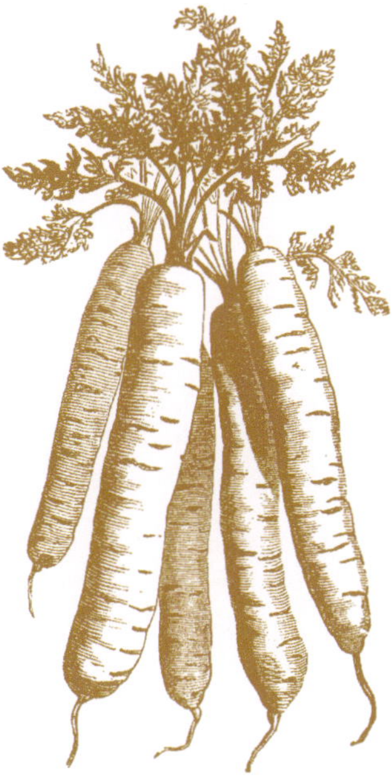

Können die Wurzeln und die Möhrenpflanzen ungehindert gedeihen, sollte dieser Prozess zu gleichmäßig geformten Möhren führen.
Wählen Sie eine Sorte mit kurzen Wurzeln aus, um Ihre Erfolgschancen zu erhöhen – tief verwurzelte Möhrensorten wachsen sehr wahrscheinlich krumm. Wir empfehlen die rundlichen Chantenay-Sorten.

Wieso kann man keine Orchideensamen kaufen?

ORCHIDEENSAMEN SIND AUSSERORDENTLICH KLEIN, genau wie Staubkörner. Es gibt Vor- und Nachteile für dieses winzige Format. Ungleich größerer Samen haben sie kaum Nährstoffvorräte, so dass sie bei der Keimung verhungern können, bevor sie zur Fotosynthese fähig sind. Die Mutterpflanze kann jedoch viele davon produzieren, und nur ein winziger Prozentsatz muss erfolgreich sein.

Wachstumspartner

Indem sie Samen ohne Nährstoffreserven produzieren, haben sich die Orchideen selbst ein Problem geschaffen. Jedoch haben sie sich weiterentwickelt und es auch selbst gelöst. Sie gehen Zweckgemeinschaften mit bestimmten Pilzarten ein, die das keimende Saatgut mit Nährstoffen versorgen und es am Leben erhalten, bis die Jungpflanzen weit genug entwickelt sind, um Fotosynthese zu betreiben und sich selbst zu ernähren. Da dieser Pilz nicht mit den Orchideensamen in einer Packung angeboten werden und der Samen ohne ihn nicht überleben kann, sind Orchideensamen nicht im herkömmlichen Handel erhältlich. Spezialisten kaufen jedoch etwas Exklusiveres: Fläschchen, die sowohl das gekeimte Saatgut als auch ein künstlich erzeugtes Medium, das mit dem entsprechenden Pilz beimpft wurde, enthalten.

◀ Gewebekultur (Mikrovermehrung) bei Orchideen senkt die Produktionskosten, und deshalb sind Orchideen wohl mittlerweile die meistverkauften blühenden Zimmerpflanzen.

Sie sind nicht nur klein, sondern es ist auch schwierig, Orchideensamen zum Keimen zu bringen. Ihr Anbau ist für den Heimgärtner zu kompliziert, weswegen Sie nie Tütchen mit Orchideensamen im Handel finden.

Sie müssen einen langen Atem haben, wenn Sie auf diese Weise Orchideen anpflanzen wollen. Das Verfahren erfordert mehrere Umsetzungen in größere Flaschen, wenn die Jungpflanzen wachsen, und es wird mehrere Jahre dauern, bis die Pflanzen fertig entwickelt sind und blühen können. Gewebekultur in spezialisierten Laboren ist eine andere, schnellere Lösung, um Orchideen in großen Mengen zu produzieren. Einige Amateure versuchen den natürlichen Weg und begründen dies damit, dass bei der Verteilung der Orchideensamen um die Mutterpflanze der notwendige Pilz schon vorhanden ist. Es ist Glücksache, aber manchmal klappt es!

PRODUZIEREN AUCH ANDERE PFLANZEN SO WINZIGE SAMEN?

Orchideen sind nicht die einzige Gruppe, die mehr auf Qualität als auf Gewicht vertraut. Die Hervorbringung von vielerlei Samen in der Hoffnung, dass nur einige überleben werden, ist weit verbreitet. Eines der erfolgreichsten – und räuberischsten – Beispiele dafür ist das Hexenkraut (Striga), eine Pflanze, die inzwischen an warmen Orten überall auf der Welt verbreitet ist. Es handelt sich um eine parasitäre Pflanze, die in vielen Getreidesorten Schaden anrichtet, z. B. in Sorghum, Hirse und Mais. Ihr Erfolg beruht darauf, dass jede Mutterpflanze eine halbe Million Samen produziert, die leicht und klein sind und mit der schwächsten Brise weit davongetragen werden sowie bis zu einem Jahrzehnt ruhen, aber lebensfähig bleiben können.

Hexenkraut
(Striga elegans)

Woher kommen Kakteen?

KAKTEEN SIND DIE ZÄHEN ÜBERLEBENSKÜNSTLER in der Pflanzenwelt. Sie meistern raue, trockene und öde Umgebung, was zu ungewöhnlichen Merkmalen führt. Die meisten Kakteen haben keine Blätter, sondern Stacheln sowie große, kugelförmige oder zylindrische Körper zur Wasserspeicherung und eine dicke, wachsartige Haut, die Verdunstung verhindert.

Wir glauben alle zu wissen, wie ein „typischer" Kaktus aussieht, doch es gibt zahlreiche Variationen in Bezug auf Funktion und Aussehen. Wilde Wüstenkakteen wie der große, verzweigte Saguaro-Kaktus (Carnegiea gigantea), der in der Sonora-Wüste und im Südwesten der USA beheimatet ist, haben ein ausgedehntes, aber flaches Wurzelsystem, um den seltenen Niederschlag so effizient wie möglich auffangen zu können. Andere sind nach oben ausgerichtet und verzichten völlig auf Wurzeln, da sie in Bäumen leben und auf den gelegentlichen Tau und Regen vertrauen. Viele öffnen ihre Stomata (Pflanzenporen) in der Nacht und nicht tagsüber, um den Verlust durch Verdunstung zu minimieren. Jedoch können sie den wesentlichen Prozess der Fotosynthese durch ein komplexes chemisches Verfahren durchführen, so dass sich die Freisetzung des Kohlenstoffdioxids bis zum nächsten Tag verzögert, damit sie vom Sonnenlicht profitieren können.

Altmodische Western vertrauen alle auf eine kakteenreiche Landschaft, um Atmosphäre zu erzeugen, und der Großteil der Familie der Cactaceae kommt tatsächlich aus Nord-, Mittel- und Südamerika. Wüstenregionen in anderen Teilen der Welt haben kaktusähnliche Pflanzen entwickelt, so zum Beispiel die charmant benannte Wolfsmilch (Euphorbia horrida), die in Südafrika beheimatet ist, aber nicht zu derselben Familie gehört.

Wieso sprechen manche Leute mit Pflanzen?

JE NACH BEVORZUGTER MEDIENQUELLE sind Leute, die mit ihren Pflanzen sprechen, entweder verwirrt oder phantasiebegabt. Weniger klar ist, ob die Pflanzen die Unterhaltung genießen oder nicht. Geschichten über „Pflanzenflüsterer" machen in den Medien oft die Runde, können aber für gewöhnlich durch keine wissenschaftliche Studie belegt werden.

Das Prinzip hinter der Idee, mit Pflanzen zu reden, besteht darin, dass man beim Sprechen Kohlenstoffdioxid ausatmet, das der Pflanze zugute kommt. Dies hält aber keiner genauen Überprüfung stand: Das CO_2 im menschlichen Atem löst sich so schnell auf, dass die Pflanze nicht davon profitieren kann.

Von derselben Art ist die Behauptung, verschiedene Musikrichtungen könnten den Pflanzen guttun: eine tolle Schlagzeile, aber ohne stützenden Beweis. Jedoch wäre es unklug, das Plaudern mit Ihren Pflanzen von vornherein als Unsinn abzutun: Das künstliche Steigern des CO_2-Gehalts in einem Gewächshaus an einem sonnigen Tag hat nachweislich einen beträchtlichen Wachstumsschub bei Pflanzen ausgelöst. Es wäre also ein sehr umfangreicher Monolog in einem sehr gut beleuchteten, überdachten Ort notwendig, um das CO_2 so sehr zu erhöhen, dass es einen bedeutsamen Effekt hätte.

Tut es Ihnen denn gut, mit Ihren Pflanzen zu reden? Dies ist weniger kontrovers: Zahlreiche Studien haben gezeigt, dass sich Pflanzenzucht- und pflege positiv auf die Psyche auswirkt, Stress reduziert und Depressionen lindert.

Nicht reden, anfassen

Wenn das Reden mit Pflanzen nichts zu bringen scheint, versuchen Sie stattdessen, sie sanft zu berühren. Sie imitieren die Wirkung einer leichten Brise, und Pflanzen reagieren darauf, indem sie robuster werden, nämlich mit dickeren Stämmen und dichterem Blattwerk.

Was sind gebietsfremde Pflanzen?

WENN UNKRÄUTER PFLANZEN AN EINEM ORT SIND, wo sie nicht hingehören, ist eine gebietsfremde Pflanze die verschärfte Version davon. Sie sind keine außerirdischen Besucher, aber sie können in neuen Gebieten schreckliche Verwüstungen anrichten und ganze Flächen von manchmal erstaunlicher Größe übernehmen, die ihnen unwissentlich ihre Gastfreundschaft anbieten.

Unerwünschte Besucher

Das klassische Beispiel für eine gebietsfremde Pflanze ist der Japanische Staudenknöterich (Fallopia japonica). In seinem Herkunftsland Japan ist er harmlos und unaufdringlich, wahrscheinlich deshalb, weil er sich neben Räubern und Krankheiten entwickelt hat, die ihn unter Kontrolle gehalten haben. Als er sich jedoch international ausbreitete, änderte sich seine Persönlichkeit. Als attraktive Pflanze wurde er im Viktorianischen Zeitalter eingeführt und bereits 1907 in den Gartenhandbüchern als Pflanze beschrieben, „die leichter zu pflanzen als wieder loszuwerden ist". Heute ist der Japanische Staudenknöterich als eine der schädlichsten Unkrautarten in Großbritannien berüchtigt. Auf Ackerböden verhindern grasende Tiere und regelmäßiges Pflügen, dass er zum Problem wird, aber er hat sich

Eine gebietsfremde Pflanze ist eine Pflanze von einem anderen Teil der Welt, die entweder absichtlich oder zufällig in ein neues Gebiet eingeführt wird. Ohne die Krankheiten und Räuber, die sie in der Heimat in Schach halten, können gebietsfremde Pflanzen manchmal große Schäden anrichten.

Japanischer Staudenknöterich (Fallopia japonica). Seine Pflanzen in Großbritannien sind alle weiblich. Wenn männliche Pflanzen hinzukommen, ist die Produktion von Samen möglich. Mit dieser Abart wird die Kontrolle noch schwieriger.

DAS WELTWEIT SCHLIMMSTE UNKRAUT

2014 organisierte die Internationale Union zum Schutz der Natur eine Umfrage zur Bestimmung des weltweit schlimmsten Unkrauts. Schließlich wurde dem Lästigen Schwimmfarn (Salvinia molesta), einer in Brasilien beheimateten Wasserfarnart, die dubiose Ehre zuteil, die Liste des Schreckens anzuführen. In vielen Ländern hat er sich verbreitet, verstopft Kanäle und Flüsse und verursacht Probleme in Stauseen und Wasserkraftwerken. Sein ungezügeltes Wachstum erstickt anderes Leben im Wasser, da seine verrottenden Überreste dem Wasser Sauerstoff entziehen, so dass Fischpopulationen und andere Wassertiere gefährdet sind.

hervorragend an das Leben in der Stadt angepasst und entwickelt schnell eine enorm tiefe, widerstandsfähige Wurzelmasse, der nur durch aufwendiges Herausziehen (für gewöhnlich mit einem Bagger) oder durch stärkste Anwendung von Unkrautvernichtern für mindestens zwei Jahre beizukommen ist. Er wächst erneut aus dem kleinsten Stück einer Restwurzel und gedeiht vor allem an Flussufern und Kanälen. Ohne natürliche Einbuße ist die Bekämpfung nahezu aussichtslos.

▲ Der Pontische Rhododendron (Rhododendron ponticum) ist sehr stark in Großbritannien und in Teilen Frankreichs verbreitet. Er produziert jedes Jahr bis zu einer Million Samen, die vom Wind bis zu 500 Meter weit fortgetragen werden.

Die wahre Gefahr durch gebietsfremde Pflanzen besteht in der Gefährdung der Artenvielfalt. Wie der Japanische Staudenknöterich wurden viele andere ursprünglich als dekorative Neuheiten eingeführt, da sie oft ansprechend aussehen, aber sie sind wie Rowdys und unterdrücken weniger durchsetzungsfähige Pflanzen. Andere Beispiele hierfür sind der Pontische Rhododendron (Rhododendron ponticum), ursprünglich von den Küstenregionen des Schwarzen Meeres, der auf säurehaltigen Böden gedeiht und riesige, dichte Flächen bildet sowie der bei Insekten beliebte Sommerflieder (Buddleja).

Was ist der Unterschied zwischen Gift- und Speisepilzen?

In der Umgangssprache nennen wir genießbare Pilze Speisepilze und ungenießbare bzw. giftige Pilze Giftpilze. Gibt es einen richtigen Unterschied? Nein: Selbst wenn Sie sich einen Pilz als etwas lecker Brutzelndes in der Pfanne vorstellen und einen Fliegenpilz in leuchtendem Rot mit gefährlich aussehenden weißen Punkten – etwas, das Sie im Leben nicht essen würden – ist dies keine wissenschaftliche Unterteilung.

Die Gruppe Basidiomycota deckt eine große Bandbreite an Pilzen ab, von Bovisten (Lycoperdon) bis zum Hallimasch (Armillaria mellea). Letzterer ist der Fluch der baumliebenden Gärtner: Er ernährt sich von Baumwurzeln und bildet eine Matte aus Pilzsträngen, Myzelien genannt, aus, die sich bis unter die Baumrinde ausbreitet. Der Pilz produziert stetig Rhizomorphen, dicke, schwarze, schnürsenkelähnliche Gebilde, die sich um die Baumwurzeln schlingen und diese letztendlich verwesen lassen. Während der Baum erkrankt und abstirbt, breiten sich die Rhizomorphen weiter aus, um andere Bäume in der Nähe zu befallen.

Der Hallimasch (Armillaria mellea) ist einer der sehr wenigen Pilze, der lebende Wurzeln töten kann. Die meisten Ständerpilze sind harmlos.

Ein Mykologe oder Pilzkundler unterscheidet nicht zwischen Gift- und Speisepilzen: Für ihn sind beide einfach die Fruchtkörper der Gruppe Basidiomycota (Ständerpilze).

Während der Großteil des Befalls durch den Hallimasch lokal erfolgt, treiben die unterirdischen Myzelien manchmal auch seine honigfarbenen Fruchtkörper über dem Erdboden in die Höhe aus. Diese produzieren luftgetragene Sporen, die die Krankheit theoretisch über weite Entfernungen verbreiten können.

Genießbare Pilze

Während es wissenschaftlich gesehen keinen klaren Unterschied zwischen einem Speisepilz und einem Giftpilz gibt, ist es wichtig zu wissen, welche Pilze man essen kann und

DIE KÖSTLICHSTEN

Neben dem alltäglichen Zuchtpilz Champignon (Agaricus bisporus) gibt es andere Arten, die immer erhältlich sind, wie zum Beispiel Shiitake-Pilze (Lentinus edodes), Austernpilze (Pleurotus ostreatus) und, seltener, der Igel-Stachelbart (Hericium) und indische Austernpilze wie der Lungensaitling (pleurotus pulmonarius). Andere, auf Bauernmärkten einfacher zu finden als in Supermärkten, sind der köstliche nach Fleisch schmeckende Anisegerling (Agaricus arvensis) und die strahlend orangefarbenen Echten Pfifferlinge (Cantharellus cibarius), die einen herrlichen, beinahe blumigen Duft und Geschmack haben. Trüffel, jene ultimativen Luxuspilze, gehören zu einer separaten Gruppe: Sie sind Schlauch- und keine Ständerpilze.

Champignon
(Agaricus bisporus)

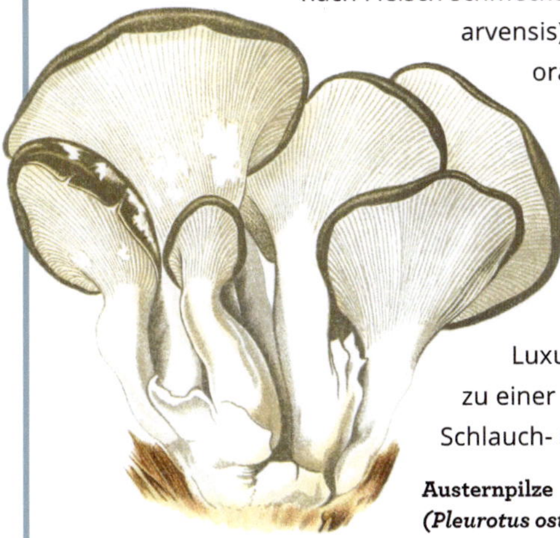

Austernpilze
(Pleurotus ostreatus)

welche krankmachen, wenn es um die Verarbeitung in der Küche geht. Trotz ihres düsteren Rufs gibt es nur wenige Pilze, die giftig genug sind, um Sie ernsthaft krank zu machen – nur ungefähr 1 Prozent könnte Sie tatsächlich töten, und in Ländern mit einer begeisterten Pilzsammeltradition, unter anderem Italien und Georgien, wird die Pilzsaison aufgeregt begrüßt: Pilzliebhaber sind sehr kompetent darin zu erkennen, welche essbar sind und welche man stehen lassen sollte. Es ist sehr wichtig zu wissen, was Sie tun, wenn Sie in ihre Fußstapfen treten wollen, aber die Bandbreite an Zuchtpilzen wird immer größer und Bauernmärkte sind oft tolle Jagdgründe, um das große Angebot zu plündern.

Wieso haben manche Bäume Nadeln?

JE RAUER DIE UMGEBUNG IST, in der eine Pflanze wächst, desto kleiner sind ihre Blätter. Bei Nadeln wurde eine Verdichtung der Blätter auf die Spitze getrieben: Jede Nadel hat eine zentrale Ader, die von Zellen umgeben ist, welche Chlorophyll enthalten. Die Nadel ist aufgrund einer dicken Haut und einer Wachsschicht wasserbeständig. So werden Verluste durch Verdunstung reduziert. Poren oder Spaltöffnungen sind im Vergleich zu der Anzahl auf einem gewöhnlichen Blatt relativ wenig vorhanden.

Da Nadeln hervorragend darin sind, den Wasserverlust einer Pflanze zu reduzieren, sind Pflanzen in heißen Klimazonen damit ausgestattet. Sie sind auch praktisch für Bäume in Gebieten mit sehr kaltem Klima und häufig gefrorenen Böden, wodurch die Aufnahme von Wasser erschwert wird.

Speicherung von Wasser ist nicht der einzige Vorteil, den Nadeln bieten. Obwohl Nadeln die Minimierung von Wasserverlust gut beherrschen, enthält eine Nadel eigentlich nicht so viel Wasser. Daher ist der Schaden, wenn das Wasser gefriert, relativ gering. Bei Schneestürmen rutschen zudem große Schneemengen von den Nadeln, welche die Stürme bremsen, so dass die Äste der Bäume nicht brechen.
Obwohl die meisten Nadelbäume immergrün sind, gibt es doch einige, wie zum Beispiel die Europäische Lärche (Larix decidua), die im Herbst ihre Nadeln abwerfen. Jene Arten leben unter rauesten Bedingungen; der Nadelabwurf hilft ihnen also, die harten Winter in den Bergen zu überstehen.

SCHUPPENFÖRMIGE BLÄTTER VS. NADELN

Einige Nadelbäume, wie zum Beispiel die Leyland-Zypresse (x Cuprocyparis leylandii) und der Riesenlebensbaum (Thuja plicata), haben als Alternative zu Nadeln schuppenförmige Blätter entwickelt: Diese sind ebenfalls verdichtete Blätter, die die Pflanze für unwirtliche Bedingungen ausrüsten. Ein Nebeneffekt ist die gleichmäßige Form, wodurch diese Art sehr beliebt für die Gestaltung von dichten Hecken ist.

Wieso haben manche Pflanzen Dornen?

VIELE TIERE ERNÄHREN SICH VON PFLANZEN, und so bewaffnen sich diese mit giftigen Substanzen, bilden hartes, raues Gewebe aus, bedecken sich mit dichtem Haar, einer Wachshaut und so weiter, um sich zu verteiden. Eine der häufigsten Formen der Pflanzenverteidigung ist eine Ansammlung von spitzen Dornen, um Tiere abzuschrecken.

Europäische Stechpalme *(Ilex aquifolium)*

OHNE DORNEN

Einige naturgemäß dornige Beerenarten, wie zum Beispiel Brombeeren und Stachelbeeren, sind ohne Dornen gezüchtet worden, um das Pflücken zu erleichtern. Dies gelingt, indem Pflanzenzüchter regelmäßig dornenlose Mutationen aussortieren, um diese als Mutterpflanzen zu verwenden.

Spitze Strategien

Die Europäische Stechpalme (Ilex aquifolium) zeigt ein schlaues Beispiel von Ressourcenausgleich. Ihre jungen Blätter sind lederartig, wächsern und superspitz und schützen hervorragend den Sämling. Wächst die Pflanze jedoch und erreicht die Höhe von grasenden tierischen Räubern, verlieren die Blätter ihre Dornen, um die Ressourcen der Stechpalme zu schonen und effektiver bei der Fotosynthese zu werden. Der Arabische Gummibaum (Acacia senegal) hat eine ähnliche Strategie: Er verliert seine Dornen, wenn er an Größe zunimmt, mit dem zusätzlichen Abschreckungsmittel, einen klebrigen Milchsaft abzuscheiden, der wahrscheinlich auch das Grasen einschränkt.

A

Dornen sind ein wichtiger Verteidigungsmechanismus einiger Pflanzen, aber nur ein Teil einer Gesamtstrategie, die eine gewisse Menge der Energievorräte der Pflanze für Verteidigung und den Rest für den Vermehrungszyklus beansprucht, so dass das Überleben der individuellen Pflanze und Art gesichert ist.

Was bedeutet „F_1" auf Samentütchen?

DIE MEISTEN SAMEN, die Sie für das Anpflanzen im Garten kaufen, sind Hybriden, die durch Kreuzung zweier genetisch verschiedener, aber eng verwandter Mutterpflanzen geschaffen wurden. Obwohl Hybriden auch in der Natur durch gegenseitige Befruchtung auftreten können, werden viele neue Pflanzen willentlich von Pflanzenzüchtern produziert, die sie erst kreuzen und dann von den entstandenen Sprösslingen eine Auswahl treffen, um die besten der unterschiedlichen Pflanzeneigenschaften in einer neuen Varietät zu kombinieren.

Nutzen von Hybriden

Der Schlüssel zu einem F_1-Hybriden liegt in den Inzuchtlinien seiner Mutterpflanzen. Züchten durch Inzucht bedeutet, dass die Zucht streng kontrolliert wird und beide „Eltern" selbstbefruchtende Arten sind. Bei der „Auskreuzung" sind die Elternpflanzen von anderen Pflanzen befruchtet worden. Obwohl die gewünschten Eigenschaften, nach denen die Pflanzenzüchter streben, aufrechterhalten werden, geht die Inzucht von Pflanzen und Tieren mit einer Schwächung der Gesundheit und Kraft sowie mit einer Reduzierung der genetischen Variabilität einher. Je flacher der Genpool, in dem die Organismen paddeln, desto weniger vital sind sie. Werden Pflanzen jedoch wiederholt

EIN TEURES UNTERFANGEN

Es ist technisch komplex und sehr teuer, Inzuchtlinien aus Mutterpflanzen zu entwickeln und aufrechtzuerhalten, die sich gut miteinander verbinden und ideale Nachkommen hervorbringen, welche alle gewünschten Charaktereigenschaften ihrer Mutterpflanzen besitzen. Jedoch sind die gezüchteten Pflanzen oft wertvoll genug, so dass der Aufwand sich lohnt. Der Vertrieb von eigenem Saatgut durch kommerzielle Züchter unterbindet Piraterie der wichtigsten genetischen Mischungen. Kreuzen sich zwei F_1-Pflanzen in Ihrem Garten, werden sie F_2-Sämlinge hervorbringen, die weniger genetisch abhängig sind und denen die „Bastardwüchsigkeit" oder Heterosis fehlt, die auftritt, wenn durch Inzucht erzeugte Mutterpflanzen gekreuzt werden. Sie sind deshalb unterschiedlicher und weniger kräftig – nicht das vorhersehbare, einheitliche und erwünschte Ergebnis. Um aus den vorsehbaren Eigenschaften der F_1-Hybriden Nutzen zu ziehen, müssen Sie daher jedes Jahr frisches Saatgut kaufen.

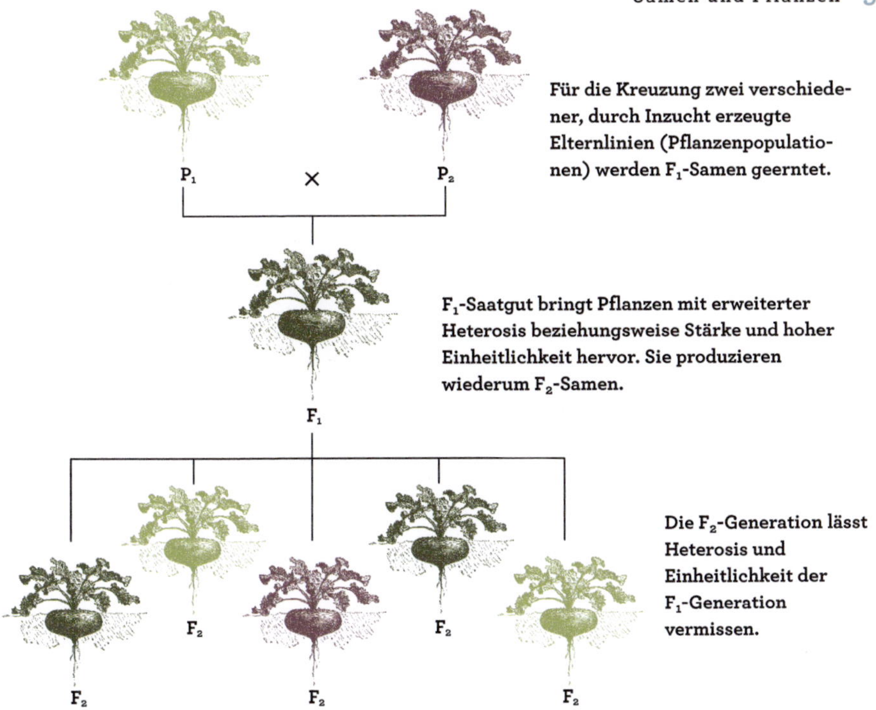

durch Inzucht erzeugt, bis sie dieselben Chromosomenpaare haben (auch als homozygot bezeichnet) und dann wieder gekreuzt, tritt eine neue Stärke bei ihren Nachkommen auf, die „Bastardwüchsigkeit“ oder Heterosis genannt wird. Das Endergebnis ist das Hervorbringen identischer Pflanzen, die ebenfalls kräftig sind. Diese Methode wird kommerziell genutzt, um eine große Anzahl an identischen Einheiten zu schaffen, die beispielsweise beim Anbau von Kulturpflanzen oder bei ausgedehnten Flächen mit Gartenpflanzen wünschenswert sind.

Die Bezeichnung „F_1“ auf einem Samentütchen bedeutet, dass die enthaltenen Samen die erste Generation einer Kreuzung sind: F steht für „filial“, und die 1 bezeichnet die Generation, von der die Samen abstammen.

▼ Kohlrabi, wie viele andere Sorten der Kohlfamilie, kann sich nicht selbst befruchten, aber wenn die noch geschlossenen Blüten zergliedert und per Hand bestäubt werden, können Inzuchtpflanzen produziert werden.

Wieso gedeihen Wildpflanzen scheinbar problemlos, wohingegen sorgfältig ausgesäte Pflanzen oft eingehen?

Dies ist ein häufig vorkommender, aber nicht wirklich korrekter Eindruck – in Wahrheit überlebt ein sehr geringer Prozentsatz an wilden Pflanzensamen bis zur vollständigen Reife. Die falsche Wahrnehmung kommt für gewöhnlich daher, dass die Samen wilder Pflanzen, die in die Erde einer von Menschenhand angelegten Umgebung fallen, sei es eine Autobahnböschung oder ein ertragreicher Garten, nicht dem gewöhnlichen Grad an Konkurrenz ausgesetzt sind und mit unnatürlicher Leichtigkeit und Kraft wachsen können.

Um überleben zu können, müssen Wildpflanzen eine enorme Zahl an Samen in der Welt verteilen in der Hoffnung, dass einige von ihnen es bis ins Erwachsenenalter und ins Stadium der Fortpflanzung schaffen. Nehmen wir nur ein Beispiel: Die Eiche (Quercus) produziert während ihrer Lebenszeit nahezu 5 Millionen Eicheln, aber wahrscheinlich werden nur einige Bäume daraus entstehen, obwohl sie da noch Glück hat. Ungefähr 90 bis 100 Prozent aller Samen werden gefressen oder sterben ab, bevor sie die Chance haben zu keimen.

Sie sehen eher die von Ihnen ausgewählten und ausgesäten misslungenen Pflanzen, was verschiedene Gründe haben kann. Was Sie nicht sehen, ist die riesige Anzahl an wilden Pflanzen, die es nie bis zur Reife schaffen.

▶ Die Eiche (Quercus) wirft bis zu einer Tonne Eicheln ab. Nur 18 Bäume pro Hektar könnten den Weizenanbau übertreffen. (Der Ernterekord bei Weizen in Großbritannien liegt derzeit bei 16 Tonnen pro Hektar).

HAUPTGRÜNDE FÜR DAS SCHEITERN VON ANBAUPFLANZEN

Manchmal haben sich die Gärtner selbst die Schuld zu geben, aber einige natürliche Eigenschaften von Gartenpflanzen und -samen können zu Enttäuschungen führen.

- **Minderwertiges Saatgut.** Kommerzielle Samen können nicht frisch sein: Sie müssen geerntet, gesäubert, verpackt und vertrieben werden. Die Qualität der Samen kann durch die dafür benötigte Zeit nachlassen.
- **Wetter:** Jede Pflanze kann überall schlechtem Wetter zum Opfer fallen. Asaisonaler Frost oder eine ausgedehnte Dürreperiode kann sonst gesunden Pflanzen den Garaus machen.
- **Übermäßig geschützte Wurzeln.** Wenn Sie eine Pflanze in einer Gärtnerei kaufen, ist sie wahrscheinlich in der unnatürlichen Umgebung eines Topfes in einer speziellen Erde angepflanzt worden, die häufig gegossen und wahrscheinlich auch mit Dünger und Pestiziden behandelt wurde. Wird sie in die Gartenerde umgesetzt, die vielleicht schwer, nass, kalt und nur langsam entwässernd oder alles zusammen ist, werden die verhätschelten Wurzeln damit nicht fertig.

Die wenigen Glücklichen, die auf einen Flecken Erde ohne Konkurrenz fallen und keimen können, werden größtenteils entweder gefressen oder erliegen stärkeren Pflanzen. Um noch mal zu der Eiche zurückzukehren: Die Samen, die sich aus diesen Eicheln entwickelt haben, müssen nicht nur Gefahren wie Wetter, Schädlinge und Krankheiten sowie das Risiko überwinden, als Snack von Pflanzenfressern zu enden, sondern auch noch volle 20 Jahre überstehen, bis sie sich selbst fortpflanzen können. Wären Landwirte oder Gärtner denselben Widerständen ausgesetzt wie die Wildpflanzen, würden viele ihre Niederlage erklären. Mit etwas Bodenbearbeitung und Bewirtschaftung jedoch sind die Pflanzen viel erfolgreicher. Obstbäume, die unter geeigneten Bedingungen angepflanzt werden, erzielen ungefähr eine Erfolgsrate von 95 Prozent. Ungefähr 80 Prozent eines gewerblichen Samentütchens mit Möhrensamen werden voraussichtlich keimen, und ungefähr 50 Prozent davon werden es zu lebensfähigen Sämlingen schaffen.

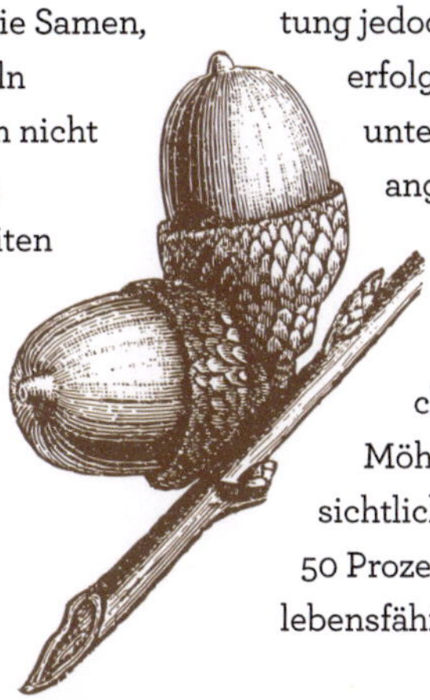

Ist die Luft innerhalb einer Paprikaschote anders als die Luft außerhalb?

Diese Frage, die schon eher eine Fachfrage ist, ist ein Dauerbrenner, und zahlreiche Experimente sind durchgeführt worden, um der Antwort nahezukommen. Die glatte, scheinbar porenfreie Außenhaut der Paprika (Capsicum annuum) kann zu der Vermutung führen, dass sie nicht „atmen" kann und dass deshalb eine eigene Atmosphäre im Innern der Paprika vorherrschen muss.

Trotz des glänzenden Aussehens besteht wahrscheinlich so etwas wie eine beschränkte Durchdringung zwischen dem Inneren und dem Äußeren der Paprika, sonst müsste die Innenatmosphäre einen höheren Gehalt an Kohlenstoffdioxid aufweisen. Ein Experiment zur Samenentwicklung in Paprikaschoten hat die Menge an Sauerstoff innerhalb der Schote künstlich reduziert, was sich nachweislich negativ auf die Samen auswirkte. Die Schlussfolgerung lautet, dass die Paprika ausreichend Kontrolle über ihr inneres Mikroklima hat, um eine erfolgreiche Samenentwicklung zu ermöglichen.

Wie so oft, wirft die Beantwortung einer Frage eine neue auf: Unterscheidet sich die Luft in Paprikaschoten zur Nacht- und Tageszeit? Ändert sich die Luft während des Wachstums? Und so weiter. Ob hilfreich oder nicht, die Spekulationen im Internet werden noch lange weitergehen.

Experimente lassen den Schluss zu, dass die Luft innerhalb und außerhalb einer Paprikaschote tatsächlich unterschiedlich ist. Gewöhnliche Luft enthält ungefähr 78 Prozent Stickstoff und 21 Prozent Sauerstoff, mit Spuren von Argon, Kohlenstoffdioxid, Wasserdampf und anderen Gasen. „Paprikaluft" hat 2 bis 3 Prozent weniger Sauerstoff und bis zu 3 Prozent mehr Kohlenstoffdioxid.

Woher wissen Samen, wo oben ist?

Samen vertun sich für gewöhnlich nicht, wenn sie keimen. Auf welche Weise sie auch in der Erde platziert werden, scheinen die sich bildenden Wurzeln in den Boden hineinzuwachsen, und der Trieb beginnt, dem Licht entgegen zu wachsen. Aber woher wissen die Samen, in welche Richtung sie wachsen sollen? Machen sie jemals Fehler?

Der einzige Weg ist nach oben – oder nach unten

Wurzeln müssen nach unten wachsen, denn ohne sichere Verankerung und Zugang zu Wasser wird der Sämling kaum überleben. Tatsächlich neigen Pflanzenwurzeln stark dazu, nach unten zu wachsen, der Fachbegriff lautet Gravitropismus. Obwohl wenig über diesen Mechanismus bekannt ist, funktioniert er wahrscheinlich über sich in der Wurzelspitze befindliche Statocyten (Zellen, die anscheinend Schwerkraft wahrnehmen können). Bei einer Beschädigung der Wurzelspitze wächst die Wurzel erst nach einer Regenerierung wieder nach unten. Dasselbe Prinzip spielt wohl auch eine Rolle, wenn sich Seitenwurzeln entwickeln, nur dass in diesem Fall die Statocyten nicht vertikales, sondern Querwachstum begünstigen.

Auch Triebe haben Statocyten. In den Zellen befindet sich ein hoher Anteil an Stärke, die sich unter Schwerkraft ablagert und den Wuchs nach oben begünstigt. Da sich diese schwerkraftsensiblen Zellen nicht nur in der Wurzelspitze, sondern überall im Trieb befinden, setzt sich das Wachstum nach oben fort, auch wenn der Trieb beschädigt ist.

▶ Bei unterirdischer Keimung, wie hier abgebildet, bleibt der Samen unter der Erde. Bei überirdischer Keimung wächst die Wurzel nach unten, während der Samen durch den sich streckenden Trieb angehoben wird.

Möglichkeit, ihre Keimrichtung zu spüren. Wenn jedoch die Keimung beginnt, stimmen sich die neuen Wurzeln und Triebe genau auf die Schwerkraft ein und orientieren sich verlässlich nach oben oder unten.

Wie schnell fließt Wasser in einer Pflanze?

UM FOTOSYNTHESE BETREIBEN ZU KÖNNEN, brauchen Pflanzen eine große Menge an Wasser. Der Prozess der Pflanzenverdunstung bedeutet, dass die Pflanze Wasser für das Kohlenstoffdioxid, welches ein Schlüsselelement bei der Nährstoffherstellung ist, „eintauscht" – Wasser wird aus den Blättern der Pflanze ausgestoßen, während das Kohlenstoffdioxid aufgenommen wird. Damit jedoch die Verdunstung stattfinden kann, muss das Wasser von den Wurzeln der Pflanze in ihre Blätter gelangen.

PFLANZENVERDUNSTUNG IN AKTION

Mit einem Experiment können Sie gerade stattfindende Pflanzenverdunstung beobachten. Sie benötigen nur rote oder blaue Lebensmittelfarbe und einige weiße Nelken (Dianthus).

- Schneiden Sie das Ende des Nelkenstiels rechtwinklig ab. Achten Sie darauf, dass Sie ihn nicht zerdrücken, sonst werden die inneren Mechanismen beschädigt.
- Geben Sie etwas Lebensmittelfarbe in einem Behälter mit Wasser, und stellen Sie die Nelken hinein.
- Achten Sie darauf, wie lange es dauert, bis die Blumen ihre Farbe ändern. Ab diesem Zeitpunkt können Sie ausgehend von der Länge des Stängels und der Dauer, die das Wasser benötigt, um durch die Blume hindurchzufließen, die Transpirationsgeschwindigkeit des Wassers berechnen.

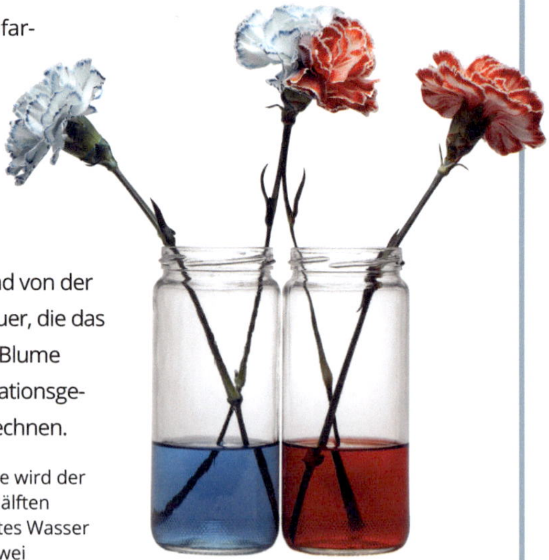

▶ Der Stängel der zentralen Blüte wird der Länge nach aufgeschnitten. Die Hälften werden in unterschiedlich gefärbtes Wasser gestellt, so dass eine Blume mit zwei verschiedenen Farben entsteht.

Von der Wurzel bis zum Zweig

Bis zu einem gewissen Maß hängt die Transpirationsgeschwindigkeit von der Geschwindigkeit ab, mit der die Wurzeln einer Pflanze das Wasser aufnehmen. Beim Höhepunkt der Transpiration eines Baumes jedoch ist die Menge an Wasser, die durch seine Blätter abgegeben wird, ziemlich beeindruckend: An einem heißen Sommertag mit einer leichten Brise kann ein großer Baum bis zu 2.000 Liter pro Tag abstoßen.

A

Kein Problem für ein Gänseblümchen (Bellis perennis), aber ein Waldbaum muss das Wasser zur Verdunstung in erheblichen Mengen und in enormer Höhe nach oben transportieren. Studien zufolge unterscheiden sich die Werte. Erwartungsgemäß laufen geringe Mengen Wasser schneller und große Mengen langsamer durch die Pflanze.

Es gibt zwei Arten, die Geschwindigkeit des Wasserflusses im Xylem (wasserleitendes Gewebe bei Pflanzen, das die Wurzeln mit den Blättern verbindet) zu bestimmen.

Die erste besteht darin, das von den Wurzeln aufzunehmende Wasser zu färben und zu messen, wie lange es bis in die Blätter benötigt (siehe links). Bei der zweiten Maßnahme schickt man einen Impuls etwas wärmeren Wassers von den Wurzeln hoch und misst, wie lange es braucht, um eine festgelegte Entfernung den Stängel hoch zurückzulegen. In Versuchen stellte sich heraus, dass die Werte sich erheblich unterschieden, aber typischerweise dauerte es weniger als eine halbe Stunde, bis in einer 23 Meter hohen Eiche (Quercus) das Wasser von den Wurzeln bis zu der Baumkrone gelangt war. In Metern pro Stunde waren es 43,6 Meter bei einer Eiche und 25,7 Meter bei einer Gemeinen Esche (Fraxinus excelsior). In einer Konifere war der Wert erheblich geringer, nämlich nur 0,5 Meter pro Stunde.

▶ Auch wenn Bäume dieselbe Größe haben, kann zum Beispiel die Esche (Fraxinus; links), eine kräftige, gierige Pionierbaumart, Wasser schneller durch ihr Blätterwerk transportieren als eine Konifere (rechts).

Können Samen durch Wasser verteilt werden?

BESTIMMTE SAMEN haben sich insbesondere an die Verbreitung durch Wasser angepasst, während andere durch Zufall an Land gespült werden. Leichte, von Natur aus schwimmfähige Samen schlagen sich am besten im Wasser durch und werden fortgeschwemmt, bis sie schließlich weit entfernt von ihrer Mutterpflanze an Land gespült werden und keimen.

Samen, die durch das Wasser transportiert werden, gehen kein Risiko der Dehydrierung ein, haben aber keine Kontrolle darüber, wohin es sie verschlägt. Viele Uferpflanzen haben leichte Samen, die ohne Weiteres weggeschwemmt werden und meistens auf Feuchtgebiete beschränkt sind, wie beispielsweise der Wasserschierling (Cicuta) und der giftige und aufdringliche Riesen-Bärenklau (Heracleum mantegazzianum), die beide zu den Doldengewächsen gehören. Ihre zumeist leichten, korkartigen Samen landen an ausgedehnten Ufern. Der giftige Gemeine Stechapfel (Datura stramonium) und viele andere Pflanzen aus der Familie der Riedgräser (Cyperaceae) breiten sich auch an Flussufern an. Erfolgrei-

◀ Die Samen des Wasserschierlings (Cicuta) treiben in Gräben und Flüssen. Sich entwickelnde Pflanzen dieser Art können eine Bedrohung für das auf den Wiesen grasende Vieh darstellen, wenn dieses nicht durch Zäune geschützt wird.

A

Wasser ist ein gutes Medium für die Samenverbreitung, und Pflanzen nutzen es, ob willentlich oder nicht, und zwar mehr, als Sie vielleicht denken. Ströme, Flüsse, Hochwasser und sogar das Meer werden alle zwangsverpflichtet, wenn Pflanzen ihr Gebiet erweitern und neues Land besiedeln.

ches Unkraut verfügt nicht nur über eine einzige Verteilungsmethode: Ampfer (Rumex) beispielsweise hat geflügelte Samen, die sich sowohl durch den Wind als auch im Wasser verbreiten: Die leichten Flügel verleihen den Samen Auftrieb.

Auch Bewässerungssysteme werden oft zur Samenverbreitung eingesetzt. Laut einer Umfrage in den Vereinigten Staaten enthielt das Bewässerungswasser des Columbia River lebensfähige Samen von mindestens 138 verschiedenen Unkrautarten, was den opportunistischen Charakter von Pflanzen hervorhebt. Da herbizidresistente Unkräuter stetig zunehmen, muss das Filtern von Bewässerungswasser gängige Praxis werden, um diese Verbreitungsmethode besonders aufdringlicher Arten einzudämmen.

▲ Seebohnen, die Samen von an Flussufern in Mittel- und Südamerika wachsenden hülsentragenden Bäumen, werden oft nach einer Reise über den Atlantik an britische Strände gespült.

HOCHSEETÜCHTIGE KOKOSNÜSSE

Eine überraschend hohe Anzahl an Nüssen und Samen wird von Meeresströmungen in neue Gefilde getrieben. Kokosnüsse gehören zu den beeindruckendsten Seefahrern: Aufzeichnungen beweisen, dass Nüsse von Melanesien an die Ostküste von Australien geschwemmt wurden, und es wurde bereits von noch längeren Reisen berichtet. Man kann nicht genau sagen, welche Pflanzenarten an ihr Ziel gespült worden sind und welche Pflanzen Vorfahren haben, die von Menschen auf ihren Seefahrten mitgebracht wurden, aber man kann nicht bestreiten, dass die Kokosnuss ideal für eine längere Seereise ausgerüstet ist: Ihr Samen steckt sicher in einer dicken Schicht Nährgewebe (der weiße, fleischliche Teil der Kokosnuss, den wir essen). Diese wird von einer harten, holzigen „Nuss" umgeben, welche wiederum von einer schwimmfähigen, feinfaserigen Schale umhüllt wird.

Kapitel 2

Blumen und Früchte

Wieso haben Feigenbäume keine Blüten?

DIE CHINESEN NENNEN DIE FEIGE *wú hua guo,* wörtlich „die Frucht ohne Blüte". Jedoch trügt der Schein. Obwohl sie nicht am Baum sichtbar sind, haben Feigen Blüten, oder um genau zu sein, ein blütentragendes Organ, das Syconium. Und die Art und Weise, in der sie sich befruchten und vermehren, ist in der Tat sehr ausgeklügelt.

Feigen sind außergewöhnlich. Das Gebilde, das wir Feige nennen, ist eigentlich gar keine Frucht: Es handelt sich um das Syconium: eine Schwellung am Ende eines der Stiele. In jedem Syconium befindet sich ein Hohlkörper, der von winzigen Einzelblüten gesäumt wird.

Die perfekte Partnerschaft

Es gibt weibliche und hermaphroditische Feigenbäume, wobei letztere männliche und weibliche Blüten haben, die sich in einzelnen Syconia befinden. Feigen können nicht reifen, bis sie bestäubt worden sind. Dies wird durch die Aufmerksamkeit einer winzigen und sehr spezialisierten Wespe, der Feigenwespe (Blastophaga psenes), die nicht einmal 2 mm groß ist, bewirkt. Der Lebenszyklus der Wespe ist eng mit der Feige verknüpft und die zwei sind voneinander abhängig, um überleben zu können. Jedes Syconium hat eine winzige natürliche Öffnung, das Ostiolum, durch die sich die weibliche Wespe quetscht. Obwohl diese Öffnung so klein ist, dass die Wespe dabei ihre Flügel und Fühler verlieren kann, beeinträchtigt dies nicht ihre Fähigkeit, die innenliegenden Blüten mit Pollen zu bestäuben, den sie von ihrer Mutterpflanze, in der sie geboren wurde, mitgebracht hat.

Die Feigenfrucht oder das Syconium, von einer bestäubten weiblichen Pflanze produziert, ist süß und saftig.

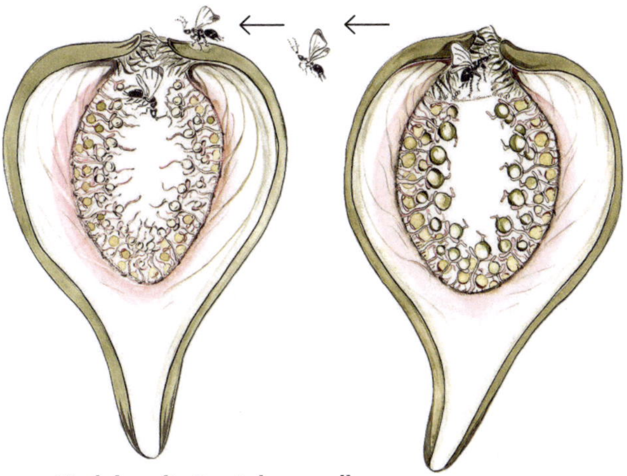

Die Feigenwespe (Blastophaga psenes) entwickelt sich in dem männlichen Syconium einer hermaphroditischen Pflanze und trägt dann die Pollen zu den Blüten der weiblichen Pflanzen.

Nachdem die Bestäubung vollzogen wurde und die weibliche Wespe ihre Eier gelegt hat, stirbt sie. Die geschlüpften Larven verpuppen sich und kommen später als reife Wespen aus dem Kokon. Die Männchen paaren sich mit den Weibchen und bohren einen Tunnel aus der nun reifenden Feige. Die Weibchen kriechen aus diesem Tunnel heraus und fliegen davon. Der Zyklus beginnt erneut, während Tiere die reifen Feigen fressen und deren Samen forttragen.

Die weiblichen Blüten der hermaphroditischen Pflanze, die nicht bestäubt wurden, bringen jedoch eine samenlose Frucht hervor. Diese reift nicht zu einer süßen und saftigen Feige heran, und Sie würden sie nicht schmackhaft finden, aber Ziegen scheinen sie zu mögen und sehen die kleinen, harten Früchte als Bestandteil ihrer täglichen Nahrung an.

Es gibt noch einige andere Beispiele für enge und sehr spezialisierte Beziehungen zwischen Pflanzen und ihren Bestäubern. Die Kardinals-Lobelie (Lobelia cardinalis) beispielsweise bringt rote Blüten hervor, die nur von Kolibris bestäubt werden können, während die Mondorchidee, die Art, die weithin als Zimmerpflanze verkauft wird, mottenähnliche Blüten hat, die bei leichtem Wind flattern und so echte Motten anlocken, welche Pollen von Blüte zu Blüte transportieren.

JUNGFERNFRUCHT

Die Feigenwespe (Blastophaga psenes) lebt nur in warmem Klima. In kälteren Ländern wurden von Züchtern parthenokarpische Feigen entwickelt, die für eine Fruchtbildung nicht befruchtet werden müssen. Diese Früchte sind für gewöhnlich von nicht so hoher Qualität wie befruchtete Feigen – Sie würden sie vielleicht nicht in Ihrem Feigenpudding haben wollen. Aber es ist nützlich, wenn die Wespe nicht verfügbar ist, um ihre sehr spezialisierte Arbeit zu machen.

Fallen Äpfel wirklich nicht weit vom Stamm?

GETREU DEM ALTEN SPRICHWORT fallen Äpfel tatsächlich nicht weit vom Stamm – die Schwerkraft sorgt dafür. Jedoch hat der Baum eine köstliche Frucht als Teil seiner Strategie hervorgebracht, seine Samen zu verteilen, weit genug, damit sie sich erfolgreich entwickeln und nicht mit dem Herkunftsbaum um Sonnenlicht und Nährstoffe konkurrieren.

Nicht nur der Transport durch ein Tier bringt den Apfelsamen an einen neuen Entstehungsort, sondern auch seine eigene Reise durch den Verdauungstrakt des Tieres trägt dazu bei, dass der Samen schnell keimen kann, wenn er schließlich in die Erde fällt.

A

Die Produktion großer, süßer, saftiger Früchte ist enorm kostspielig für einen Baum. Die Investition des Mutterbaumes ist dennoch kalkuliert: Findet der Apfel bei vorbeikommenden Tieren Zuspruch und wird gefressen, wird der Samen weit weg von dem Herkunftsbaum wieder ausgeschieden.

Wie der Vater, so der Sohn?

Trotz des Aufwands, den der Baum betrieben hat, würde er seine Nachkommen vielleicht nicht wiedererkennen. Apfelbäume, die aus Samen entstanden sind, ähneln nur selten ihren Eltern („kernecht", in Gärtnerlatein ausgedrückt), da das Erbgut von Äpfeln sehr unterschiedlich ist. Es ist auch bekanntlich schwer, Apfelbäume aus Ablegern zu ziehen.

Der Kulturapfel (Malus domestica) der Sorte Cox Orange. Braeburn, Cox, Gala und Bramleys führen den Apfelanbau an. Die Sorte Delicious ist der beliebteste Apfel in der EU.

Der Zierapfel „Hyslop". Diese große Wildapfelsorte unbekannter Herkunft wurde erstmals 1869 verzeichnet. Seine Schale ist dunkelrot und weist lilafarbene Schattierungen auf, und sein Name wird manchmal „Hislop" geschrieben.

Wenn Züchter also einen Apfelbaum haben wollen, der zuverlässig eine spezifische Sorte hervorbringt, vermehren sie ihren Bestand durch Veredlung. Dies bedeutet, dass ein knospender Sprossteil der vielversprechenden Elternpflanze in einen Spalt eines jungen Baumes derselben oder einer ähnlichen Sorte eingeführt wird (Wurzelstock genannt), so dass die wachsenden Leitbündel der beiden Sprossteile sich einheitlich ausrichten. Die Veredlung „greift" zeitnah und produziert einen Baum, der den genau gleichen Ertrag wie die Herkunftspflanze bringt.

BESSER IRGENDEIN APFEL ALS GAR KEIN APFEL

Nordamerika ist besonders reich an alten und traditionellen Apfelsorten. Das liegt zum Teil angeblich daran, dass die ersten Pioniere, die nach Westen zogen, Schwierigkeiten damit hatten, lebende Bäume auf ihrer langen und unwegsamen Reise mitzunehmen. Es blieb ihnen nichts anderes übrig, als neue Obstgärten aus Apfelsamen zu pflanzen, die zwar nicht verlässlich, jedoch immerhin leicht zu tragen waren. Die sich entwickelnden Bäume werden sehr unterschiedlich und wahrscheinlich von relativ minderwertiger Qualität gewesen sein, aber in den frühen Pioniertagen war irgendein Apfel besser als gar keiner. Und die weitverbreitete Verwendung von Apfelsamen verschiedener Bestände führte zu einer großen, vielfältigen Baumpopulation, von denen einige hervorragende Exemplare später durch Veredlung vermehrt und für die Zucht verwendet wurden.

Wieso gibt es so viele verschiedene Blumenarten?

IM GEGENSATZ ZU TIEREN sind Pflanzen statisch, sie können sich also nicht auf die Suche nach einem Partner machen. Sie benötigen Hilfe bei der Vermehrung, und dies ist das Geheimnis hinter ihrer Vielfalt. Ihre verschiedenen Lösungen machen sie extrem wichtig für andere Systeme, sowohl im Mikro- als auch im Makrobereich, so dass ihre Funktion über die Sicherstellung ihres eigenen Überlebens weit hinausgeht.

Die Bestäubung ist der Teil des Zyklus, bei dem die Pflanzen Hilfe benötigen. Jede Blumenstruktur muss entweder einen Pollenträger heranlocken, für gewöhnlich eine Biene oder ein anderes Insekt, seltener jedoch einen Vogel oder gar eine Fledermaus, oder sie muss so beschaffen sein, dass sie den Wind zur Verbreitung ihres Pollens nutzen kann.
Blumen müssen einen Vorteil gegenüber ihren Rivalen haben. Sie haben sich hierfür ganz unterschiedlich entwickelt: Sie erregen Aufmerksamkeit

SELBSTBEFRUCHTUNG

Drei Viertel aller blühenden Pflanzen vereinigen männliche und weibliche Teile in sich. Während Selbstbestäubung selten ideal ist, führt Fremdbestäubung, in großen Mengen, zu einem starken Bestand. In Notfällen greifen Pflanzen darauf zurück.

Eine blühende Pflanze muss nicht nur Blüten entwickeln, sondern auch bestäubt werden und aussäen, um sich zu vermehren. Dies gelingt Pflanzen auf sehr unterschiedliche Weise.

durch ihre Form, Farbe oder ihren Duft, oder sie bieten leichten Zugang zu dem Nektar, den die Insekten begehren.
Viele haben sich dahingehend entwickelt, bestimmte Insekten oder Familien anzulocken: Zum Beispiel sind glockenförmige Blumen ideal für kugelförmige Bienen mit langer Zunge, die in die Blume hineinkriechen und mit ihren Zungen an den Nektar am Boden der Blüte gelangen. Die hoch entwickelte Bienenblume (Ophrys apifera) hat schon die Form des Insekts, das sie als Befruchter benötigt, übernommen.

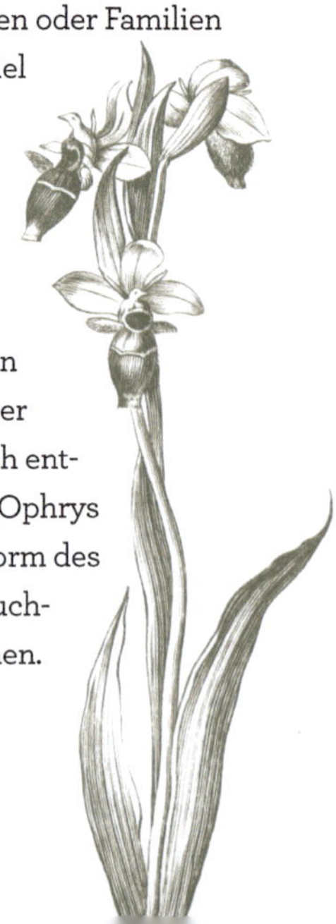

Bienenblume
(Ophrys apifera)

Was ist eine gefüllte Blüte?

Gefüllte Blüten sind leicht zu erkennen: Sie scheinen aus vielen Blütenblättern zu bestehen, so dass sie noch runder und „flauschiger" als einfache Blüten aussehen. Im Gegensatz dazu haben einfache Blüten einen sichtbaren Mittelpunkt, der aus Fruchtblatt und Staubblatt beziehungsweise den männlichen und weiblichen Fortpflanzungsorganen der Blume besteht.

Garten-Dahlie *(Dahlia hortensis)*

Eine gefüllte Blüte hat eine zusätzliche Schicht an Blütenblättern, die ihr ein auffälliges Aussehen verleiht. Die meisten gefüllten Blumen haben ihr Fruchtblatt und Staubblatt für mehr Blütenblätter geopfert.

Gefüllte Blüten entwickeln sich durch spontane Mutation, und da sie keine Fortpflanzungsorgane wie ungefüllte Blüten haben, sind sie unfruchtbar: Ohne Nektar und Pollen können sie keine Insekten anlocken. Auch wenn Insekten sie besuchen würden, könnten diese dort keinen Pollen aufnehmen, um andere Blumen zu bestäuben. Daher können sich gefüllte Blüten für gewöhnlich nur künstlich vermehren, nämlich durch Ableger, Teilung oder Mikrovermehrung. Trotz dieses natürlichen Nachteils sind sie aufgrund ihres spektakulären Aussehens sehr gefragt, so dass findige Gärtner sie als neue Sorten anpflanzen.

GEMISCHTE DOPPEL

Es gibt einige Ausnahmen zu der Sterilitätsregel: gefüllte Blüten, in denen die zusätzlichen Blütenblätter nicht Bestandteil des aufwendigen Fortpflanzungssystems der Pflanze sind. Bei diesen Pflanzen ersetzen die Blütenblätter andere Teile der Blume, wie zum Beispiel die Deckblätter. Im Falle der gefüllten Sonnenblume (Helianthus) beispielsweise hat sich die Blume buchstäblich neu organisiert, mit zusätzlichen äußeren Blütenblättern, die die inneren Scheibenblüten ersetzen, welche sonst das Zentrum bilden.

Wie kann man herausfinden, ob eine Blume männlich oder weiblich ist?

DER GROSSTEIL DER BLUMEN ist hermpaphroditisch mit sowohl männlichen als auch weiblichen Geschlechtsteilen, der botanische Ausdruck dafür ist „ausgeformt". Die männlichen Teile einer Blume sind Staubblätter und die darauf befindlichen Pollen, während die weiblichen Teile die Fruchtblätter sind, auf deren Boden sich jeweils ein Fruchtknoten befindet. Die Gameten oder Geschlechtszellen der Pflanze befinden sich in den Pollenkörnchen beziehungsweise in den Fruchtknoten.

Die meisten Blumen sind Hermaphroditen mit männlichen und weiblichen Geschlechtsteilen. Etwas Wissen über die Anatomie der Blumen erleichtert die Identifizierung ihrer Fortpflanzungsorgane, wobei winzige Sorten eine Lupe erfordern.

Bezeichnung der Teile

Die äußeren Teile einer Blume, die Kelch- und Blütenblätter, haben kein Geschlecht. Gehen Sie weiter in die Blüte und Sie werden die Staubblätter finden, fadenähnliche Gebilde, die jeweils einen Kopf oder Staubbeutel stützen, in denen die Pollenkörnchen produziert werden. Der Sammelbegriff für die Staubblätter ist Andrözeum, und sie sind oft in unverwechselbaren Mustern organisiert. Die Anordnungen können kunstvoll und komplex sein und helfen, eine unbekannte Blume zu identifizieren.

▼ Der Fruchtknoten bildet das Zentrum der Blume, der den Vorläufer der Samen enthält (Eizellen). In ihm ist die klebrige Narbe, an denen die Pollen haften.

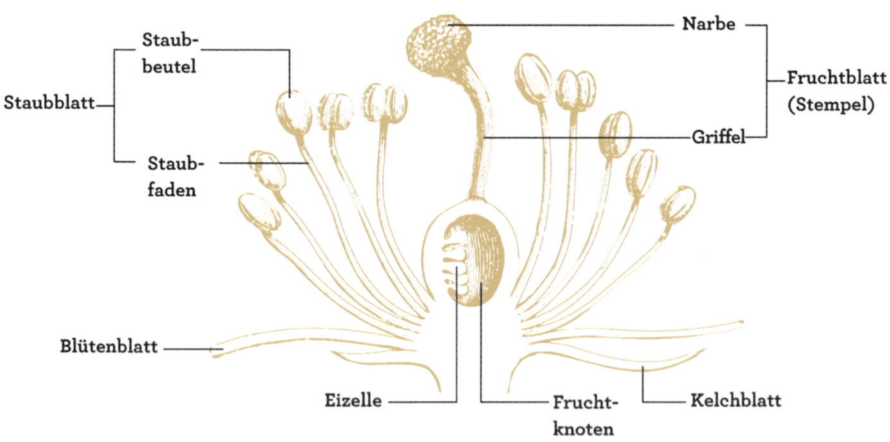

EINGESCHLECHTLICHE PFLANZEN

Die meisten Pflanzen haben sowohl männliche als auch weibliche Geschlechtsteile, es gibt aber zahlreiche Ausnahmen. Einige, wie zum Beispiel die Hasel (Corylus), haben einzelne Blüten für ihre männlichen und weiblichen Organe auf derselben Pflanze, während andere eingeschlechtliche Pflanzen auf ein Exemplar des gegensätzlichen Geschlechts treffen müssen, um sich durch Bestäubung zu vermehren (der botanische Fachausdruck hierfür ist „diözisch"). Ein Beispiel hierfür ist der berühmt-berüchtigte Japanische Staudenknöterich (Fallopia japonica). In Großbritannien sind nur weibliche Pflanzen importiert worden. Obwohl ohne männliche Pflanzen zur Fortpflanzung, ist ihnen eine schnelle und invasive Kolonisierung ihres neuen Gebietes gelungen, indem sie sich einfach durch die Teilung ihrer Rhizome verbreitet haben: ein erstaunliches Beispiel für Invasion allen Widerständen zum Trotz.

Hasel *(Corylus)*

Das Muster des Andrözeums ist eine der Eigenschaften, die verwandte Pflanzen oft miteinander teilen. Für gewöhnlich befinden sich die Fruchtblätter nahe des Mittelpunkts der Blüte. Manchmal sind sie als individuelle Einheiten ausgelegt, aber sie können auch in einer einzigen oder in mehreren Strukturen miteinander verschmolzen sein, dem Stempel (Blüten können ein oder mehrere Fruchtblätter haben). Der Sammelbegriff für die angeordneten weiblichen Teile ist das Gynäzeum, das weibliche Äquivalent zum Andrözeum. Während viele verschiedene Anordnungen in verschiedenen Blumen vorkommen, ist die einfachste Anordnung – etwa wie bei einer Butterblume (Ranunculus) – ein oder mehrere Stempel im Zentrum, umgeben von einem Ring aus Staubblättern.

Butterblume *(Ranunculus)*

Was sieht eine Biene, wenn sie eine Blume anschaut?

WAS KAM ZUERST, die Blume oder die Biene? Die Forschung legt nahe, dass es frühe Bienen gab, bevor sich Blumen entwickelten oder zumindest das, was wir im modernen Sinn als Blumen ansehen. Daher haben sich wahrscheinlich die Blumen zum Wohle der Bienen entwickelt, und nicht anders herum.

Blumen, die sich wie beispielsweise die Magnolie früh in der Geschichte entwickelt haben, haben sich anscheinend selbst für so viele Bestäuber wie möglich attraktiv gemacht. Mit der Zeit änderte sich jedoch die evolutionäre Taktik: Es entwickelten sich Pflanzen, die bei spezifischen Bestäuberinsekten Interesse weckten. Jene Pflanzen, die am besten von Bienen bestäubt werden konnten, mussten Wege finden, auf sich aufmerksam zu machen, die der Wahrnehmung einer Biene entsprachen. Obwohl Bienen UV-Licht sehen können, sind ihre großen Facettenaugen nicht sehr scharf. Sie können nicht so leicht wie wir die Teile einer Blume erkennen.

VOGEL, BIENE ODER SCHMETTERLING?

Jeder Bestäuber hat seinen bevorzugten Bereich im Farbspektrum. Blumen, die evolutionsbedingt von Bienen bestäubt werden, tendieren zum blauen bis violetten Farbbereich (vor allem jene Blumen, die auch im ultravioletten Licht leuchten, was unsichtbar für unsere Augen ist). Vögel hingegen bevorzugen rote und orangene Blüten, während Schmetterlinge einen etwas gewagteren Geschmack haben, nämlich Orange und Gelb, sowie Rot- und Pinktöne. Und die von Farben unbeeinflussten Fledermäuse und Motten haben ihre eigenen bevorzugten, nachtblühenden Blumen, einheitlich Weiß, aber immer mit starkem Duft.

Bienen sammeln Nektar als Energiequelle sowie Pollen in großen gelben Mengen an ihren Hinterbeinen, um ihre Brut (junge Larven) mit Protein zu versorgen.

Die Gemeine Nachtkerze (Oenothera biennis) in lebhaftem Gelb (links) wird von Insekten als ultraviolett (rechts) mit „Nektarleitsystem" erkannt.

Für den Erfolg gekennzeichnet

Blumen, die mit Kameras fotografiert worden sind, welche die Sicht von Bienen imitieren, sind oft sehr stark mit Streifen, Punkten und konzentrischen Kreisen gemustert, die scheinbar als Landebahnbeleuchtung für die Bienen dienen, die ihnen zeigen, wie sie zum Nektar gelangen und im Vorbeifliegen Pollen abstreifen können. Die Farben, die wir sehen, sind nicht immer für die Bienen maßgeblich: Obwohl ihr Spektrum sie naturgemäß auf Blau- und Lilatöne beschränkt, können sie das Spektrum auf andere Farben erweitern, wenn die Musterführung stark genug ist. Bienen lieben zum Beispiel strahlend rote Bartfäden und Dahlien – obwohl wir wissen, dass Bienen Rot nicht wahrnehmen können – , weil die Muster und Zeichnungen der Blüten stark genug sind, um sie anzulocken, ohne dass der zusätzliche Reiz einer sichtbaren Farbe (für die Biene also) notwendig ist.

Bienen sehen Farben nicht so wie wir Menschen. Sie können ultraviolettes Licht und eine Palette von Blau-, Gelb-, Grün- und Violetttönen erkennen, aber nicht Rot. Die Sicht einer Biene auf viele bekannte Blumen unterscheidet sich also stark von Ihrer.

Bartfaden
(Penstemon gentianoides)

Wie vermehren sich Pflanzen mit samenlosen Früchten?

CLEMENTINEN, NAVELORANGEN UND ANDERE ZITRUSFRÜCHTE werden oft in den Läden als „kernlos" angepriesen. Offensichtlich sind sie einfacher zu essen, da man keine Kerne ausspucken muss, aber wie bringen sie dann neue Bäume hervor?

Parthenokarpische Früchte haben einige Nachteile. Die Hormone, die die Frucht gedeihen lassen, sind nur in befruchteten Samen vorhanden, so dass parthenokarpische Früchte für gewöhnlich ziemlich klein sind (eine Tendenz, die überwunden werden kann, wenn der Züchter die Pflanze mit künstlichen Hormonen behandelt, welche die Frucht größer werden lässt). Und das Fehlen von Samen bedeutet, dass Züchter einen neuen Bestand durch Veredlung herstellen müssen. Die Beliebtheit samenloser Früchte wiegt jedoch diese vergleichsweise geringen Nachteile auf.

Nicht alle Arten samenloser Früchte kommen auf demselben Weg zustande. Kernlose Trauben beispielsweise entstehen durch einen anderen Prozess. Bestäubung findet statt, und sie ist auf parthenokarpische Früchte angelegt, aber der Samen wächst nicht oder entwickelt nicht die harten Außenschale, die er zum Schutz braucht. Stattdessen verdorrt er einfach und hinterlässt eine kernlose Frucht. Die in Europa beliebteste Tafelbirne „Conference" neigt dazu, parthenokarpische Früchte hervorzubringen. So entwickelt sie auch bei einer Jahreszeit mit schlechtem Wetter und begrenzter natürlicher Bestäubung Früchte. Züchter können den Pflanzen ein bestimmtes natürliches Hormon beigeben: Gibberellinsäure, die Parthenokarpie fördert.

A Samenlose Zitrusfrüchte stammen von Bäumen ab, die Parthenokarpie oder „Jungferngeburten" durchführen, also Bäume, die Früchte tragen, ohne Bestäubung zu benötigen. Dies ist nützlich für Züchter: Es ist eine Phase, um die sie sich keine Gedanken machen müssen.

Conference-Birnen enthalten für gewöhnlich Samen, wie hier auf dem Bild zu sehen ist, und sind birnenförmig. Nicht auf Bestäubung angelegte Früchte haben nur rudimentär entwickelte Samen und sind eher länglich als birnenförmig.

Wieso duften Blumen?

DER DUFT EINER BLUME hängt zum einen von der Anzahl der Duftmoleküle ab, die sie enthält, und zum anderen von dem Verhältnis, in dem diese angeordnet sind. Außerdem kann ein Duft sich verändern: Eine Blume kann sowohl die Intensität als auch die Qualität ihres Duftes zu verschiedenen Zeiten und aus verschiedenen Gründen ändern.

Für Menschen duften die meisten Blumen herrlich, und Gärtner werden nie müde, an ihren Pflanzen zu schnuppern. Für die Pflanzen selbst ist der Duft eine wichtige Waffe in ihrem Wettstreit ums Überleben. Nachtblumen wie zum Beispiel die Lilie (Lilium), die Tabakpflanze (Nicotiana) und die Levkoje (Matthiola) duften wunderbar, da ihre nächtlichen Bestäuber auffällige Farben nach Einbruch der Dunkelheit nicht sehen. Tagblumen jedoch unterscheiden sich in ihrem Duft-Typ: Arten, die von Bienen und Fliegen bestäubt werden, haben oft einen sehr süßen Duft, während solche, die sich auf Käfer bei der Bestäubung verlassen, tendenziell einen eher würzigen, moschusartigen Duft besitzen.

Der blühende Ziertabak (Nicotiana sylvestris) hat weiße Blüten mit einem markanten, süßen Nachtduft, der typisch für Pflanzen ist, die von Nachtfaltern als Bestäuberinsekten abhängig sind.

Duft ist nur eine Methode von Blumen, Bestäuber anzulocken. Er ist besonders wichtig für solche, die sich an nächtliche Besucher angepasst haben, wie zum Beispiel Motten und Fledermäuse. Für diese spielen Farben weniger eine Rolle als Duft.

Wir sehen einen Blumengarten kaum als ein Schlachtfeld an, auf dem es ums Überleben geht. Für Pflanzen jedoch ist ihre Vermehrungsmethode eine Angelegenheit, bei der es um Leben oder Tod geht. Und all die Waffen der Pflanzen sind minutiös abgestuft und spezifisch zugeschnitten, ob es sich nun um Farbe, Struktur oder eben um Duft handelt.

Was ist der Unterschied zwischen einer Frucht und einem Gemüse?

Ist obst und gemüse dahingehend zu unterscheiden, wie wir sie in der Küche verwenden? Oder gibt es eine megasichere Methode, sie außerhalb unserer subjektiven Beurteilung als Lebensmittel zu identifizieren? Wie sooft bei Pflanzen, ist die Antwort so etwas wie „Das kommt darauf an".

Im Wesentlichen hat eine Frucht Samen, Gemüse nicht. Gewisse Abarten, wie zum Beispiel kernlose Trauben, untergraben sofort die Einfachheit dieser Erklärung. Deshalb ist es richtiger zu sagen, dass Früchte aus den Fruchtknoten einer Pflanze entstehen, während alle anderen Teile der Pflanze – Blütenknospen, Stängel, Wurzeln und Blätter – zum Gemüse zählen.

Abgesehen von dieser formalen Unterscheidung liegt die alltägliche Unterscheidungsmöglichkeit darin, wie wir Obst und Gemüse essen. Früchte, die allgemeinhin als Gemüse verwendet werden, bilden eine große Kategorie, formal gesehen sind Auberginen, Bohnen, Zucchini, Kürbisse, Erbsen, Paprika und Tomaten alles Obstsorten, die wir als Gemüse essen, während Rhabarber ein Gemüse ist, aber als Obst gegessen wird. Kulinarische Definitionen halten sich nicht an botanische Kategorien! Nicht nur das, sondern verschiedene Küchen variieren auf natürliche Weise dahingehend, was als Gemüse und was als Frucht angesehen wird: Melonen zum Beispiel gelten in mehreren asiatischen Küchen als Gemüsesorte.

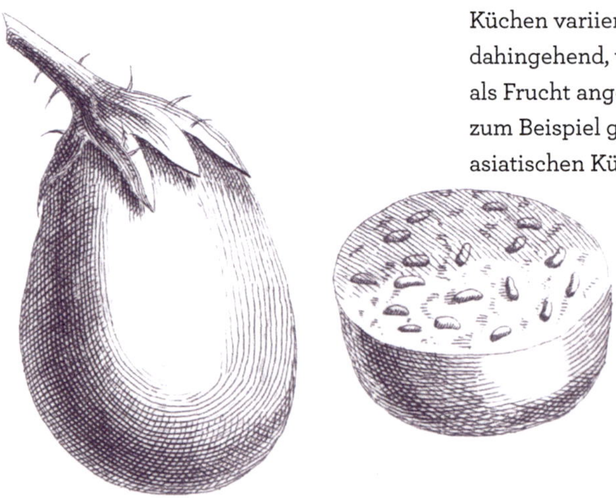

Auberginen sind feste Früchte, die botanisch gesehen Beeren sind (siehe nebenstehende Abbildung) und viele Samen enthalten.

WANN HANDELT ES SICH NICHT UM EINE BEERE?

Noch verwirrender ist die botanische Definition einer Beere, die sich sehr von der allgemeinsprachlichen unterscheidet. Im Prinzip ist eine Beere das Produkt einer einzelnen Blüte, in der sich die Außenwand des weiblichen Geschlechtsteils der Pflanze, der Fruchtknoten, zu einer breiigen, essbaren Schicht entwickelt. Dies bedeutet, dass Avocados und Tomaten echte Beeren sind, während Himbeeren und Erdbeeren es nicht sind.

Was sind sie dann?
Eine Erdbeere ist der Fruchtboden für die winzigen Samen, welche auf ihrer Oberfläche verteilt sind und Pflanzenhormone freisetzen, durch die die Erdbeer-„frucht" reifen kann. Jede Himbeere jedoch ist eine Verschmelzung mehrerer Fruchtböden, die ursprünglich in derselben Blüte vorhanden waren, auch bekannt unter der Bezeichnung „Sammelfrucht". Jede kleine Einheit einer Himbeere ist eine eigenständige Beere und enthält einen eigenen Samen und eine eigene Haut. So ist die Himbeere eine ungewöhnlich reiche Quelle an Ballaststoffen.

Avocado
(*Persea americana*)

Erdbeere
(*Fragaria* × *ananassa*)

Himbeere
(*Rubus idaeus*)

F Wieso produzieren Blumen Nektar?

WENN SIE EINE BIENE FRAGEN WÜRDEN, wieso sie eine Blüte besucht, würde sie nicht eine ausführliche Beschreibung ihrer Rolle als Bestäuberinsekt herunterrasseln. Die Antwort bestünde aus einem Wort: Nektar. Ohne die Belohnung dieser zuckrigen Bestechung würde die Biene nicht ihre Zeit damit verbringen, von Blüte zu Blüte zu fliegen – und andere Insekten auch nicht.

Auf dem amerikanischen Kontinent sind Kolibris (Abbildung: Männchen und Weibchen der Scherenschwanznymphe) wichtige Bestäuber. Sie benötigen täglich ein Vielfaches ihres eigenen Körpergewichts (bis zu 8 g) an Nektar.

A Nektar ist die Hauptattraktion einer Blüte für die meisten Bestäuberinsekten. Der Duft und die Farbe einer Pflanze wirken als Werbung für diese Insekten: „Nektar hier erhältlich".

Die Herstellung von Nektar ist für die Pflanzen sehr kostspielig und verbraucht bei den meisten mehr als ein Drittel der verfügbaren Zuckerreserven. Er wird in den Nektarien produziert, spezielle Drüsen, die sich normalerweise, aber nicht immer, innerhalb der Blüte der Pflanze befinden. Da die Nektarien mit den Phloemen des Gefäßsystems der Pflanze verbunden sind, kann der Zucker aus dem Pflanzensaft direkt dort hineingeleitet werden.

Zeit ist alles

Nektar ist nur notwendig, wenn die Mutterpflanze Pollen hat, der zu einer anderen Blüte transportiert werden muss. Die Blüte gibt also nur dann Duft ab und macht den Nektar für besuchende Insekten auch nur dann verfügbar, wenn ihr Pollen reif ist.

Der Nektar selbst besteht aus verschiedenen Zutaten entsprechend des Hauptbestäubers der Pflanze, vor allem aus Glucose, Fructose und Saccharose, wobei das Mengenverhältnis unterschiedlich ist. An Saccharose reicher Nektar zum Beispiel ist oft in Blumen enthalten, die von Kolibris oder Insekten mit langen Zungen bestäubt werden, beispielsweise Schmetterlinge, Motten und einigen Bienen, während Glucose und Fructose besonders Fliegen, Bienen mit kurzen Zungen und Fledermäuse anzulocken scheinen. Jede Pflanze weiß, welche Rezeptur ihre spezifischen Bestäuber anlockt.

Ist die Pflanze befruchtet worden oder ihr Pollen aufgebraucht, kommt die Nektarproduktion zum Stillstand. Die Verschwendung kostbarer Ressourcen ist nicht länger notwendig, und es gibt wichtigere Aufgaben für die Pflanze, wie zum Beispiel die Samenreifung. Diese effiziente Nutzung der Ressourcen ist der Schlüssel zum Überleben in der überraschend rücksichtslosen Welt der Pflanzen.

POLLENFRESSER

Zu jeder Regel gibt es auch Ausnahmen, und einige Insekten sammeln die Pollen nicht, sondern fressen sie. Spezialisierte Käfer und Milben lieben Pollen als wichtigen Teil ihrer Nahrung, und auch Marienkäfer mögen Pollen. Er ist reich an Proteinen und Aminosäuren, deshalb ist er sehr nahrhaft. Einige Wespen- und Bienenarten haben gelernt, Pollen mit Nektar zu mischen, um besonders hochwertige Nahrung für ihren Nachwuchs herzustellen.

▼ Mit seinem langen, filigranen Rüssel (Zunge) kann der Schmetterling optimal Nektar aus Pflanzen der Familie der Korbblütler saugen, wie beispielsweise die Zinnie (Zinnia), die aus mehreren Scheibenblüten besteht.

F Stimmt es, dass die Blüten der Sonnenblume der Sonne folgen?

EINE ALTHERGEBRACHTE GÄRTNERWEISHEIT LAUTET, dass sich die Sonnenblume der Sonne zuwendet, wo auch immer diese gerade steht. Obwohl dies nicht ganz korrekt ist, steckt doch ein Fünkchen Wahrheit darin.

Balance-Akt

Während des Tages wächst der Stängel der unreifen Sonnenblume (Helianthus) auf der sonnenabgewandten Seite, so dass die Blütenknospen sich der Sonne zuneigen. Bei Sonnenuntergang sind sie nach Westen ausgerichtet. Wenn die Sonne untergegangen ist, vollführt die Pflanze jedoch einen Balance-Akt, da die andere Seite des Stängels wächst, so dass die Knospen und die sich öffnenden Blüten am Morgen wieder nach Osten ausgerichtet sind. Rechnungen zufolge können die noch im Wachstum befindlichen Blumen durch diese Drehung bis zu 15 % mehr Sonnenlicht für die Fotosynthese nutzen.

SONNENANBETER

Einige Pflanzen folgen wirklich der Sonne. Dieses Phänomen wird Heliotropismus genannt. Sie wachsen in rauer Umgebung, wo zwischen erfolgreichem Aussäen und misslungener Fortpflanzung nur ein bisschen zusätzliche Wärme den Ausschlag gibt.

A

Die Blüten der Sonnenblume sind auf die Sonne gerichtet, eine Möglichkeit, Fotosynthese zu maximieren, während die Pflanze noch im aktiven Wachstum ist. Sind die Blüten reif und vollständig geöffnet, wenden sie sich jedoch nach Osten – und verbleiben so. Dies sollten Sie beim Anlegen einer Sonnenblumenrabatte im Kopf behalten.

Sonnenblume
(Helianthus annuus)

Wieso gibt es blaue und pinkfarbene Hortensien?

DIE FARBE DER BLÜTEN kann sowohl durch die Umgebung einer Blume beeinflusst werden als auch durch ihre eigene chemische Zusammensetzung. Die Gartenhortensie (Hydrangea macrophylla) oder Berghortensie (H. serrata) können beide von Blau zu Rosa und wieder zurück wechseln, abhängig von dem Boden, in dem sie wachsen.

Hortensien, die in stark aluminiumhaltigem Boden wachsen, haben eine blaue Farbe, aber die Intensität des Blaus hängt von der Menge an Anthocyan-Farbstoffen in der Pflanze ab: je höher der Pigmentanteil, desto stärker der Blauton. Ist jedoch kein Aluminium im Boden vorhanden, sind die Hortensien rosa: Auch hier hängt wieder der Farbton von der Menge des Pigments in der Pflanze ab.

Der variable blaue oder rosa Farbton hängt von dem natürlichen Pigmentanteil in der Pflanze und der Menge an Aluminium im Boden ab. Aluminium ist das Schlüsselelement: Es ist für gewöhnlich reichlich in säurehaltigen, aber kaum in basischen oder kalkhaltigen Böden vorhanden.

Großblättrige Hortensie *(Hydrangea macrophylla)*

SCHUMMEL-TIPPS

Die Ansicht unter Gärtnern, dass Nachbars Kirschen süßer seien, kann sich hier so auswirken, dass Sie sich als Besitzer blauer Hortensien nach rosafarbenen sehnen, und umgekehrt. Ist in Ihrem Boden nicht genug Aluminium für blaue Blüten, können Sie sie mit einer Lösung aus Aluminiumsulfat gießen, und wenn Sie blaue Blüten haben, jedoch rosafarbene bevorzugen, können Sie Kalk (Kalziumkarbonat) auf dem Boden um die Basis der Pflanze herum verteilen. Eine Nebenwirkung können vergilbende Blätter sein. Dem können Sie mit Chelat-Dünger entgegenwirken, der direkt auf die betroffenen Blätter gegeben wird.

F Wieso gibt es in einem Jahr einen Überfluss an Äpfeln und im nächsten Jahr kaum welche?

STIMMT ES, DASS Obstbäume einen „gutes Jahr-/schlechtes Jahr"-Turnus in Bezug auf den Ertrag haben, und wenn ja, wieso? Wieso können sie nicht jedes Jahr eine angemessene Ernte hervorbringen? Und sind es nur Obstbäume, die dieses Phänomen aufweisen, oder jeder Nutzbaum?

Apfelbäume neigen dazu, ihre Blütenknospen frühzeitig auszubilden, und zwar zu derselben Zeit wie die Bestäubung der Blüten und der Entwicklung der Früchte. Dies kann ihnen zum Nachteil gereichen: Bei der Produktion der Früchte werden viele Ressourcen des Baumes aufgebraucht, und manchmal bleibt nicht viel übrig, um die Blüten der nächsten Jahreszeit hervorzubringen, so dass im folgenden Jahr die Blüten nur spärlich vorhanden sind und der Ertrag enttäuschend dürftig ausfällt. Dies wird zu einem Kreislauf: Die geringe Menge an Früchten im schlechten Jahr bedeutet, dass der Baum mehr Energie in die Entwicklung von Blüten stecken kann, um eine üppige Ernte in der folgenden Jahreszeit zu erhalten, und so weiter.

A

Der „gutes Jahr-/schlechtes Jahr"-Turnus ist ein bekanntes Phänomen: Der „Zweijahresrhythmus" kommt nicht nur bei Apfelbäumen vor. Er erklärt sich durch eine Kombination von Faktoren, die einen Zyklus guter und schlechter Ernten bilden.

Sogar perfekt bewirtschaftete Apfelbäume können gelegentliche Überschüsse hervorbringen: eine gute Gelegenheit, um Apfelsaft zu produzieren und einzufrieren, Apfelschnitze zu trocknen und Chutney herzustellen.

DREI MÖGLICHKEITEN ZUR ERMUNTERUNG EINES APFELBAUMS

Binden Sie im Frühjahr neue, dünne Triebe zusammen. Dies trickst den Baum etwas aus: Er denkt dann, dass diese Äste Früchte tragen und produziert Knospen, die im nächsten Jahr blühen und Früchte hervorbringen werden.

Mäßig düngen. Übermäßiges Düngen bringt mehr Blätter als mehr Früchte hervor.

Nicht auslichten. Sie werden wahrscheinlich nur zusätzliches und unerwünschtes Wachstum erzielen (und vielleicht sogar die Knospen abschneiden, die im nächsten Jahr schließlich neue Äpfel hervorbringen).

Was ist dabei für die Bäume drin?

Apfelbäume sind nicht die einzigen Bäume, die sich so verhalten: Andere Arten, wie zum Beispiel Buchen (Fagus) und Eichen (Quercus), haben abwechselnd gute und schlechte Jahre (im Falle dieser Waldbäume wird ein gutes Jahr als „Mastjahr" bezeichnet). Eichen und Birken haben viele eifrige Fressfeinde unter den Vögeln und anderen Tieren, die ihre Eicheln und Eckern fressen, so dass in guten Jahren der Ertrag so üppig ausfällt, dass der angefressene Überschuss als lebensfähiger Nachwuchs überlebt, wohingegen in schlechten Jahren die Räuber hungrig bleiben und daher ihre Vermehrung nachteilig beeinflusst wird.

Dies ist wahrscheinlich nicht der Grund für den „gutes-Jahr-/schlechtes Jahr"-Turnus bei Apfelbäumen. Schließlich „wollen" die Äpfel gefressen werden, damit die Samen fortgetragen werden und neues Gebiet besiedeln können. Wahrscheinlicher ist, dass lange Zuchtphasen für eine hohe Produktivität bei Obstbäumen zu überladenen Bäumen und daher zu Auslaugung geführt hat.

Geht Bambus nach der Blüte ein?

GÄRTNER, DIE DIE EINDRUCKSVOLLE STRUKTUR von Bambus in ihren Beeten wertschätzen und die mit der Neigung dieser aus mehr als 1.000 Arten bestehenden Pflanzengruppe umgehen können, nämlich sich explosionsartig in jeder Ecke des Gartens zu verbreiten, beobachten die Anzeichen, dass ihr Liebling zu blühen beginnt, mit Bestürzung: Dem Volksmund zufolge muss der Bambus nach der Blüte sterben.

Obwohl blühender Bambus für die Mutterpflanzen gefährlich ist, kann dies sehr selten vorkommen. Er wächst schneller als nahezu jede andere Pflanze, blüht jedoch nur alle zehn oder 20 Jahre – manche Bambushaine haben sich mehr als ein Jahrhundert lang ohne Blüten entwickelt.

Wenn der Bambus blüht, verkümmert er jedoch nicht: Das Laub verwelkt und wird braun, und die Pflanze bringt riesige Mengen an großen, fedrigen, grasartigen Büscheln hervor, die voll mit Samen sind und vom Wind bestäubt werden. Es ist nicht ganz klar, wieso so viele Samen vorhanden sind, aber Botaniker glauben, dass die Tiere, die seine Samen und Triebe fressen, eine große Menge davon zurücklassen, so dass das Überleben einer gewissen Anzahl an Nachkommen sichergestellt ist.

Der Zimmerbambus (Bambusa vulgaris) ist ein Tropenbaum, der vor allem im Bauwesen verwendet wird. Er soll angeblich alle 80 Jahre blühen und produziert kein überebensfähiges Saatgut.

A

Es stimmt, dass die Blüte dem Bambus mehr als anderen Pflanzen zusetzt, aber dass er ganz abstirbt, ist übertrieben. Bambus geht nicht ausnahmslos nach dem Blühen ein, und wenn er angemessen gepflegt wird, erholt er sich eventuell.

In den Ländern, in denen Bambus eine Nutzpflanze ist und in Bambuswäldern wächst, neigen alle Pflanzen dazu, gleichzeitig zu blühen.
Der Begriff für eine Pflanze, die einmal blüht, Samen abwirft und dann abstirbt, ist monokarpisch; viele beliebte Sukkulenten, wie beispielsweise das Dickblatt (Aeonium) und Aichryson (Aichryson), teilen sich diesen Charakterzug.

▼ Bambus ist ein holziges Gras. Gräser sind krautartig, während Holzgewächse Bäume und Sträucher sind. Fachkundige sehen Bambus als Holzgewächs an.

BAMBUS RETTEN

Konsequente gärtnerische Maßnahmen können Ihren Bambus retten.

- Entfernen Sie frühe Blütentriebe sofort – dies kann die Pflanze entmutigen, ganz aufzublühen.
- Blüht sie trotzdem weiter, schneiden Sie sofort die ganze Bambusgruppe auf Bodenhöhe zurück, düngen und gießen Sie sie.
- Geben Sie im folgenden Frühjahr eine großzügige Dosis stickstoffhaltigen Düngers hinzu.

Mit etwas Glück produziert der Bambus frisches Grün ohne Blüten von der Basis aus.

Zur Not sammeln Sie einige Samen, um sie wieder auszusäen. Schneiden Sie einige Blütenköpfe ab und lassen Sie sie in einer Papiertüte trocknen. Schütteln Sie dann die Samen heraus.

Wie produzieren Pflanzen eine so große Vielfalt an Farben?

DAS „WIE?" DER PALETTE AN FARBEN, die Pflanzen hervorbringen können, ist genauso wichtig wie das „Warum?". Über drei Viertel der blühenden Pflanzen hängen von Insekten und tierischen Bestäubern ab, und ihre Biochemie fördert die Maximierung ihrer Chancen. Farbe ist eine wichtige Waffe im Arsenal einer jeden Blume.

Zusätzlich zu ihren anderen Fähigkeiten sind Pflanzen Chemiker. Sie können eine große Bandbreite an Pigment-Molekülen zu einer verblüffenden Farbpalette mischen, die darauf abzielt, Aufmerksamkeit bei ihrem ausgewählten Bestäuber zu erregen.

Die Bestandteile, die die Farbe einer Blume festlegen, sind eine Bandbreite an Pigment-Molekülen, die aus verschiedenen Gruppen bestehen. Anthocyane stecken hinter roten und blauen Blumen, Carotinoide ergeben Orange- und Gelbtöne, Betalaine ergeben Lila und Weiß und cremefarbene Töne kommen von Anthoxanthinen. Die Mischung der Pigmente, die das Rezept für jede Blume ergibt, kann feine Schattierungen hervorbringen, die es nur in der Natur gibt. Andere Faktoren betreffen die schlussendliche Farbe: Beispielsweise kann der pH-Wert des Bodens eine Rolle spielen und das Endergebnis verändern.

FARBE FÜR FREUDE

Der amerikanische Autor Michael Pollan hat die These aufgestellt, dass einige Pflanzen ihre Blüten entwickelt haben, um sowohl Bestäubern als auch Menschen zu gefallen. Der spekulative Gedanke lautet, dass Menschen eher eine Pflanze mit schönen Blüten pflegen und so deren Überlebenschancen insgesamt erhöhen.

Die Duftwicke (Lathyrus odoratus), eine pinkfarbene einjährige Pflanze aus dem Mittelmeerraum, ist nach über 200 Jahren Zucht inzwischen auch in Weiß, Blau, Violett und Rot erhältlich.

Wieso lassen Pollen manche Menschen niesen?

WOHER WISSEN SIE BEI EINEM NIESANFALL, dass er von Pollen verursacht wird? Die Jahreszeit kann ein Faktor sein: Pollenveranlasstes Niesen ist jahreszeitlich bedingt. Wenn es also mitten im Winter passiert, sind Pollen wahrscheinlich nicht die Schuldigen. Wenn Sie jedoch mehrere Male hintereinander niesen und nicht nur ein- bis dreimal, liegt es wahrscheinlich an Pollen. Wenn Sie auch noch eine verstopfte Nase und einen kratzigen Hals haben, liegt wahrscheinlich eine Pollenallergie vor – leider gehen die Anzeichen über Niesen hinaus.

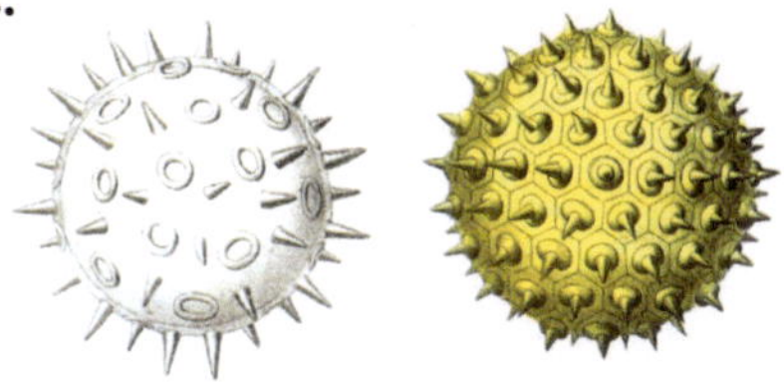

△ Pollen weisen komplizierte, sorten-spezifische Markierungen auf ihrer festen Außenhülle auf, welche Exospor genannt wird. Diese Markierungen sind unter einem Rasterelektronenmikroskop sichtbar.

Viele windbestäubte Gräser und Bäume geben riesige Mengen an Pollen ab, weil der Verlust immens ist. Das Meiste der potenziell lästigen Angelegenheit in der Luft um uns herum wird durch die sehr feinen Härchen in der menschlichen Nase gefiltert, aber sehr kleine Partikel, wie eben Pollen, können durch die Härchen hindurch in die Nase gelangen. Der feine Staub kann Sie zum Niesen bringen, auch wenn Sie keine Allergie haben. Wenn doch, können die Auswirkungen erheblich schlimmer sein.

Staubinvasoren

Bestimmte in Pollen vorkommende Moleküle haben einen zusätzlichen Reizstoff, der bei manchen Menschen starke Reaktionen hervorruft. Die Übeltäter sind oft in den Pollen bestimmter Bäume und Grasarten: Birkenpollen (Betula) sind besonders lästig, weil sie sehr wirkungsvolle Proteinmoleküle enthalten, vor allem das harmlos klingende Bet v I. Dies löst eine starke Reaktion im Immunsystem aus, was normalerweise den Körper vor Infektionen schützt. Es hält die Pollen irrtümlich für Fremdkörper und wird aktiv, mit sehr unliebsamen Ergebnissen.

Pollenkörner treten in Ihre Schleimhäute als sehr feiner Staub ein, was schon unangenehm genug ist. Wenn Sie jedoch an einer Allergie leiden, kann es sein, dass spezifische Pollenmoleküle das Ganze noch schlimmer machen.

Sind blaue Blumen wirklich blau?

Blumen von einem natürlichen, reinen Blau sind selten. Sie mögen denken, dass Sie sie schon gesehen haben, aber wenn Sie sie genauer ansehen, werden Sie feststellen, dass der Farbton, den Sie für Blau gehalten haben, doch einem anderen Farbton näherkommt (Schauen Sie sich beispielsweise ein Hasenglöckchen (Hyacinthoides) genau an, und Sie werden sehen, dass es eher Lila ist).

Wie immer ist es die Pflanzenchemie, die die Farben von Blüten vorgibt. Obwohl kein reines blaues Farbpigment in Pflanzen existiert, können sie dies zu einem gewissen Grad bewältigen, indem sie ihre interne Chemie abändern.

Kornblume
(Centaurea cyanus)

Ungefähr 10 Prozent der Blumen sind blau oder haben eine Farbe, die dem Blau nahe kommt. Eine Blüte hervorzubringen, die fast blau ist, verlangt der Mutterpflanze sehr viel ab. Die Pigmente, mit der eine Pflanze am ehesten Blau „herstellen" kann, sind Anthocyane, aber in ihrer natürlichen Form bringen sie Rottöne hervor. Damit eine Pflanze blau aussieht, benötigen sie basische Lebensbedingungen innerhalb der Pflanze. Erstaunlicherweise sind Pflanzen in der Lage, diese bevorzugte Umgebung selbst zu schaffen, indem sie den pH-Wert ihres Pflanzensaftes in eine hochalkalische Lösung abändern, wodurch die Anthocyane eher als Blau in der Blüte auftreten und nicht als rötlich, wie bei einem niedrigeren, saureren pH-Wert.
Das Blau bei Schmucklilien (Agapanthus) ergibt sich aus einer Komplexverbindung aus Delphinidin und Succinsäure (einer organischen Säure). Das Blau in Hortensien entsteht durch eine Komplexverbindung aus Delphinidin (ebenfalls eine organische Säure) und Aluminium. Ist letzteres nicht vorhanden, kommt ein Rotton zustande. Dies ist eine gewöhnliche Beobachtung im Garten, denn die Hinzufügung von Aluminiumsulfat in der Erde fördert Hortensien mit blauen Blüten.

Delphinidin ist das lila-blaue Pigment, das mit dem blauen Feldrittersporn (Cansolida) und dem Rittersporn (Delphinium) assoziiert wird, dessen Blau durch den pH-Wert des Pflanzensaftes geändert wird: je basischer der Pflanzensaft, desto „blauer" die Färbung der Blüte.

Die Blütenfarbe ist nur ein Teil der Bestäubungsstrategie einer Pflanze. Weitere Strategien sind die Größe, Form und andere Attribute, die nur für die Bestäuber sichtbar sind. Blaue Blüten ziehen insbesondere Bienen an, aber auch andere Farben. Die Kombination der Aspekte ist maßgeblich.

Künstliche Blautöne

Künstlich geschaffenes Blau jedoch ist komplexer. Der Stand der Wissenschaft ist inzwischen so weit fortgeschritten, dass Pflanzenzüchter Moleküle den Pigmenten hinzufügen und so die natürliche Farbe einer Pflanze verändern können.

DIE SAGENHAFTE BLAUE ROSE

Der heilige Gral für viele Züchter ist eine wahrhaftig blaue Rose (Rosa), eine Blume, die nicht in der Natur existiert. Schon seit Jahrzehnten wird versucht, sie zu erschaffen. Wenn Pflanzenzüchter wissen würden, welche Pigmente und Chemikalien Blau ergeben, wäre es theoretisch möglich. 2008 wurde die „erste blaue Rose" entwickelt und stark von einem japanischen Unternehmen beworben. Als sie jedoch präsentiert wurde, entsprach der Farbton doch eher einem silbrigen Zartlila. Die Jagd nach der echten blauen Rose geht weiter.

Wieso schließen Blumen abends ihre Blüte?

NICHT JEDE BLUME, die ihre Blüte schließt, tut dies abends, aber jene Sorten, die dies tun, haben viele Gründe dafür. Eine geschlossene Blüte schützt ihre Fortpflanzungsorgane vor vielen Gefahren: kalte Luft, Tau und Frost. Sie schützt so auch ihren Pollen und Nektar vor nachtaktiven Insekten, die nicht so effektiv mit den spezifischen Bedürfnissen der Blüte umgehen wie bevorzugte, tagaktive Bestäuber.

Pflanzen funktionieren mittels eines Tag- und Nachtrhythmus, durch den sie in der Nacht schlafen und am Tag wach sind. Dieses Muster scheint durch Licht und Dunkelheit ausgelöst zu werden, welche die Gene beeinflussen, die die zeitbedingten Aktivitäten der Pflanze steuern. Die Zeiten, zu denen Blüten sich öffnen und schließen, sind bemerkenswert präzise, wahrscheinlich deshalb, weil sie sich dahingehend entwickelt haben, geöffnet zu sein, wenn ihre favorisierten Bestäuber am aktivsten sind. Die Pflanzen wissen nicht nur den Zeitpunkt, sondern reagieren auch schnell: Sie können die Gene, die die Zuckermenge in ihren Blütenblättern regulieren, an- und ausschalten. Steht dieser Schalter auf „an", enthalten die Blütenblätter viel Zucker, und die Osmose stellt sicher, dass mehr Wasser in die Blütenblätter fließt, was die Blüte offenhält. Wird der Schalter jedoch deaktiviert, nimmt die Zuckermenge ab, die Blütenblätter verlieren Wasser und schließen sich.

Nicht alle Blumen schließen sich abends, aber jene, die es tun, schützen so ihre Fortpflanzungsorgane vor Kälte und ihren Pollen vor unerwünschten nachtaktiven Insekten.

Die Blüte des Gänseblümchens (Bellis perennis) öffnet sich bei Tag und schließt sich bei Nacht – daher der Name: „Tagauge", was wohl eine Abwandlung des englischen Wortes für Gänseblümchen ist: „daisy" entstand aus „day's eye".

MIT BLUMEN DIE ZEIT ERMITTELN

Heutzutage sind die meisten Blumenuhren einfache Blumenbeete in Form einer Uhr, die an Urlaubsorten als Teil vorgegebener Bepflanzungsmuster zu finden sind. Optimalerweise enthalten sie auch ein Uhrwerk mit sich bewegenden Zeigern, die die Zeit anzeigen.

In der Vergangenheit waren Blumenuhren viel raffinierter, so dass sie manchmal barocke Ausmaße annahmen. Im 19. Jahrhundert nahmen ambitionierte Gärtner die außergewöhnliche Beständigkeit der Zeiten, zu denen die Blüten sich öffneten und schlossen, als Inspiration für Uhren, die die Zeit tatsächlich anhand von Blumen anzeigten. Anhand einer sorgfältig ausgewählten Palette an Blumen konnte man auf dem „Ziffernblatt“ die Bewegungen der Blüten tagsüber und nachts sehen, wobei der Moment des Öffnens und Schließens dem Zeitabschnitt entsprach, auf dem sie platziert waren.
Diese Uhren können nicht sehr genau gewesen sein. Obwohl Blumen hauptsächlich durch ihre eigene innere Uhr gesteuert werden, beeinflussen äußere Faktoren wie beispielsweise Nässe und Temperatur ihre Leistung, aber die Ausgestaltung dieser Uhren muss sehr schön gewesen sein. Eines der fantasievollsten, immer noch existierenden Designs von 1822 besteht aus 24 verschiedenen Pflanzen, die alle zur selben Zeit in Blüte stehen.

Kapitel 3

Unter der Erde

Wie arbeiten Würmer?

Es scheint unhöflich zu sein, Würmer, von denen es nicht nur den Gartenwurm, sondern über mehrere Tausende Arten gibt, als eine Röhre zu beschreiben, die an dem einen Ende ein Maul hat und an dem anderen, na ja, das können Sie sich sicher selber denken. Aber daraus bestehen sie im Wesentlichen. Zwei Arten kommen insbesondere im Garten vor, nämlich Regenwürmer und Kompostwürmer, die in der Erde beziehungsweise im Kompost zu finden sind.

Würmer nehmen organisches Material, etwa Blätter, durch ihre Mundöffnung auf und verdauen sie im „Darm", der von dem einen Ende ihres segmentierten Körpers bis zu dem anderen Ende reicht. Wie alle anderen Tiere müssen Würmer atmen, und zwar durch ihre Haut (diese muss immer feucht sein). Sie haben einen Blutkreislauf, der durch ein anderes System, das weitere Flüssigkeiten in ihrem Körper transportiert, unterstützt wird. Außerdem besitzen sie ein zentrales Nervensystem, das die in jedem Segment vorhandenen Muskeln steuert. Jedes Segment hat Borsten, um die Erde greifen zu können, und sondert Schleim ab, so dass der Wurm gleiten kann. Nur weil sie kein Gehirn haben, heißt das nicht, dass sie nicht hoch entwickelt sind. Würmer sind verblüffend mobil im Boden: Sie graben nicht nur Tunnel, sondern sind auch dazu fähig, Nahrung zu suchen und zu handhaben sowie Räubern zu entkommen.

Seit Darwin haben Wissenschaftler die Bedeutsamkeit von Würmern im Erdreich bestätigt und gezeigt, dass einer der Vorteile der maßgeblichen Gartenaktivität eines Gärtners, den Boden mit Kompost und Dünger zu versorgen, im explosionsartigen Anstieg von Würmern besteht, die dann mit ihren Höhlengängen das Erdreich durchziehen. Sogar geringe Mengen an organischen Substanzen können die Wurmpopulation erhöhen – eine Besonderheit, die sehr in Gärten ohne Umgrabungsaktivitäten und bei Direktsaat geschätzt wird.

Ein Wurm ist eigentlich eine Röhre, die an dem einen Ende organisches Material aufnimmt, es verdaut und fruchtbares Material am anderen Ende ausscheidet. Der Wurm atmet durch seine Haut.

Der Periprokt ist das letzte, den Anus beinhaltende Segment. Das Clitellum ist Teil des Fortpflanzungssystems, mit dem Eier abgelegt werden. Die Segmente weisen Borsten auf, die den Körper während der Bewegung verankern. Das Prostomium ist ein fleischiger Hautlappen, das als Sinnesorgan dient und bei Ruhephasen des Wurms die Mundöffnung verschließt.

NOCH MEHR WURMIGE FAKTEN

- Würmer sind Hermaphroditen, besitzen also männliche und weibliche Geschlechtsorgane, einige Wurmarten jedoch müssen sich mit einem anderen Wurm paaren, um sich fortpflanzen zu können. Hierbei liegen zwei Würmer nebeneinander und tauschen Eier und Sperma aus.
- Würmer können sich unter geeigneten Umständen um ein Vielfaches vermehren. Untersuchungen zufolge können die sieben Hauptarten auf einem Quadratmeter 432 Würmer produzieren.
- Die meisten Würmer „fressen" jeden Tag zwischen 50 und 100 Prozent ihres Körpergewichts, wobei dies jedoch von Art zu Art variiert.
- Leider kann die wesentliche Frage, ob aus einem mit einem Spaten durchtrennten Wurm zwei Würmer wachsen, nicht klar beantwortet werden. Die Antwort lautet „manchmal", „nur bestimmte Arten" oder „nie", je nachdem, welchen Wissenschaftler Sie fragen.
- Würmer haben kein Gehirn als solches, sondern verlassen sich auf eine Anhäufung von Nervenzellen, die als Cerebralganglion bezeichnet wird. Sie reagieren sehr schnell auf äußere Reize wie Hitze, Licht, Feuchtigkeit, Hautkontakt und Vibrationen, die über ihren ventralen Nervenstrang empfangen werden.

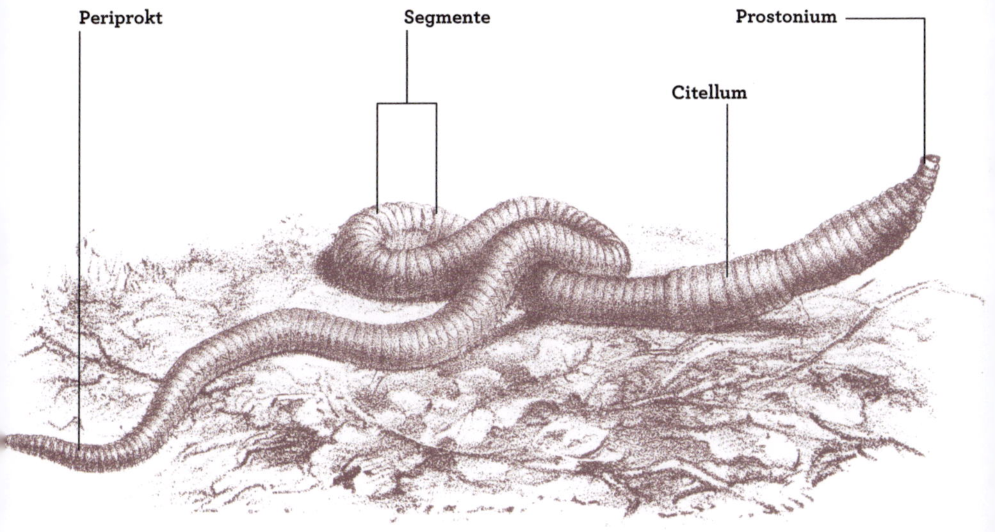

Bis wohin reichen Wurzeln?

WURZELN SIND FÜR GÄRTNER EIN MYSTERIUM: Wie viele gibt es? Wie weit breiten sie sich aus und wie tief? Dies überrascht kaum, da in der Erde wachsende Wurzeln von einem schweren, dichten, nassen und dunklen Material umgeben sind. Die Beseitigung der Erde, um die Wurzeln zu beobachten, hat eine unverzügliche Beschädigung auch der robustesten Wurzeln zur Folge. So ist erstaunlich wenig über sie bekannt trotz ihrer grundlegenden Wichtigkeit für das Wachstum und die Gesundheit von Pflanzen. Gärtner halten es mit der verständlichen Sichtweise: „Aus dem Auge, aus dem Sinn".

Das „Pflanzengeschäft", nämlich Fotosynthese und Fortpflanzung, erfolgt über dem Erdboden, und es würde Sinn ergeben, Wurzeln auf einer minimalen Größe zu halten, um die Pflanze zu verankern, Wasser und Nährstoffe sowie einen Zufluchtsort zum Schutz vor schlechtem Wetter und Störungen zu finden. Aber Wurzeln sind Lebewesen und benötigen eine fortwährende Versorgung mit Zucker durch die Blätter. Tatsächlich sind die Ausdehnung und die Natur der Wurzeln genauso exakt auf die Umgebung der Pflanze ausgerichtet wie die Triebe und das Blattwerk.

A

Die lange Zeit vorherrschende Auffassung, dass die Wurzel die Form der Pflanze oder des Baumes widerspiegelt, ist falsch. Tatsächlich variieren Größe und Ausgestaltung der Wurzel von Pflanze zu Pflanze. Einige Gräser beispielsweise haben lange, tiefe Wurzeln, während Hecken und Bäume flache Wurzeln ausbilden, die sich weit ausdehnen.

Viele mögen denken, dass kleine Jahrespflanzen kleine Wurzeln haben, und das ist auch oft der Fall. Die Gartenerbse, die Zwiebel und die Kartoffel haben beispielsweise sehr begrenzte Wurzelgeflechte. Aber andere kleine Pflanzen können (unter geeigneten Bedingungen) ihre Wurzeln tief in die Erde treiben. Rüben können bis zu 80 cm in die Erde reichen, Raygras bis 15 und Weizen bis 12 cm. Mittelgroße mehrjährige Pflanzen haben in der Regel mittellange Wurzeln. Die Wurzeln von Sträuchern etwa haben ungefähr dieselbe Ausdehnung wie deren Krone. Im Gegensatz zu Bäumen werden Sträucher oft regelmäßig gestutzt, was das Trieb-Wurzel-Gleichgewicht unterbricht. Die Wurzeln gut getrimmter Hecken reichen selten deutlich mehr als 1 Meter über die Basis der Hecke hinaus. Die Bäume, die die Hecke bilden, entwickeln bei ausbleibender Pflege umfangreiche Wurzelsysteme.

DIE WURZEL DES PROBLEMS

Bäume sind berüchtigt für ihre großen und weitreichenden Wurzeln, die dermaßen viel Wasser aus dem Boden ziehen können, dass die daraus resultierenden Schwundrisse kostenintensive Schäden an Gebäuden, Mauern und Rohren verursachen. Baumwurzeln breiten sich überall dahin aus, wo es Wasser, Luft und nicht zu harte Erde gibt. Leckende, niedrige Abflussrohre, durch die Wasser und Luft leicht zu erreichen sind, ziehen Baumwurzeln geradezu magisch an.

Entgegen der weitläufigen Meinung spiegeln Baumwurzeln nicht die Architektur über dem Boden wider, sondern breiten sich vor allem innerhalb des ersten Meters unterhalb der Erdoberfläche aus, wo sich die meisten Nährstoffe und Luft befinden. Diese „tellerähnliche" Wurzelformation kann sich leicht auf eine Fläche ausdehnen, die größer als die Höhe des Baumes ist, bei manchen Bäumen bis auf das Dreifache ihrer Höhe, wie zum Beispiel bei der Pappel (Populus) und der Weide (Salix).

Falsch

In diesem Sinne dringen Wurzeln noch weiter in das Erdreich auf der Suche nach Feuchtigkeit vor, wenn der Boden tief genug ist und das Wurzelwachstum nicht durch Härte, Säure oder Staunässe behindert wird.

Richtig

Wieso erhöht Regenwasser den Säuregehalt des Bodens?

KOHLENSTOFFDIOXID KOMMT NATURGEMÄSS in der Atmosphäre vor, was den pH-Wert des Regenwassers von einem neutralen Wert von 7 zu einem saureren Wert senkt, der häufig um 5,5 liegt. Umweltverschmutzung kann diesen noch weiter senken: Wenn dann noch künstlich hergestelltes CO_2 und andere Schadstoffe wie zum Beispiel Schwefeldioxid und Stickoxid hinzukommen, entsteht der bekannte saure Regen.

Abhilfe bei saurem Boden

Enthält der Boden Kalk oder Kreidepartikel, ist sein Gehalt an – basischem – Kalziumkarbonat so hoch, dass der saure Regen neutralisiert wird. Auch tonhaltige Böden haben alkalische Reserven, die ihnen als Puffer gegenüber den unmittelbaren Auswirkungen des sauren Regens dienen. Der Säuregehalt in Sandböden jedoch nimmt schnell zu. Stark saure Böden eignen sich nicht für den Anbau von Pflanzen, weder auf Ackerflächen noch in Gärten, so dass regelmäßiges Aufbringen von Kalk notwendig ist, um den Boden fruchtbar zu halten.

Regen fällt lokal, und seine Auswirkungen auf den Boden hängen in hohem Maße von der Art des Bodens ab, auf den er fällt. Ist der Boden alkalisch, kann er gegen die Säure im Regen angehen und diese neutralisieren. Ist der Boden bereits sauer, wird sich sein Säuregehalt früher oder später erhöhen.

Dünger und Kompost sind fast immer schon sehr basisch und können den Auswirkungen von Säure begegnen.

Flächen, die nicht für den Ackerbau genutzt werden, zum Beispiel nasse Hochlandgebiete und sehr sandige Böden, bleiben oft sauer, da die Neutralisierung mit Kalk sehr kostspielig wäre.

Obwohl saure Böden weiterhin ein Problem sind, haben sich manche von Menschenhand geschaffene Verschmutzungen in den letzten Jahrzehnten verringert. In Gebieten, in denen nun Kohle als Brennstoff genutzt wird, ist die Verunreinigung durch Schwefel (der hochgradig sauer ist) viel weniger angestiegen, sogar bis zu dem Punkt, dass der Boden, der naturgemäß etwas Schwefel benötigt, zu nährstoffarm geworden ist. Die Pflege von Böden ist einfach eine Frage der Aufrechterhaltung des Gleichgewichts mit Hinzufügung oder Verringerung von Elementen, die die Böden so fruchtbar wie möglich halten.

Liegt die Antwort wirklich im Boden?

In einer beliebten englischen Comedy-Radiosendung in den 1950er Jahren beantwortete ein alter Landwirt aus Somerset mit passendem Akzent jede Frage, die ihm gestellt wurde, auf dieselbe kryptische Weise: „Die Antwort liegt im Boden." Als Traditionalist glaubte er, dass alles gut werden würde, wenn Sie sich ordentlich um Ihr zu bewirtschaftendes Land kümmern – aber stimmt das auch?

Boden umhegt Pflanzen

Der Boden ist für das Wachstum in vielerlei Hinsicht unumgänglich. Das Wachstum von Pflanzen hängt von einer angemessenen Wasserversorgung ab, und der Boden kann während Regenphasen große Mengen speichern, um den Ertrag während trockener Perioden zu erhalten. Der Boden trägt auch dazu bei, dass die Temperaturen, die die Pflanzen benötigen, aufrechterhalten werden: Im Frühjahr heizt er sich auf, damit die Wurzeln zu wachsen beginnen, im Sommer schützt er sie vor übermäßiger Hitze. In kalten Regionen bietet der Boden sogar Schutz vor winterlichem Frost.

Ja. Die Produktivität des Bodens gibt die Qualität und Quantität der Nahrungsmittelversorgung für den Menschen vor, entweder hinsichtlich der darauf wachsenden Pflanzen oder auch der Lebewesen, die diese fressen. Obwohl bis dato sehr viel Energie und Kreativität investiert wurde, ist bislang kein brauchbarer Ersatz für Nährmedien weder erfunden noch entdeckt worden.

HELDEN DES ERDREICHS

Der Boden spielt für sich selbst eine wichtige Rolle, er ist aber auch Heimat für zahlreiche Umwelthelden, beispielsweise Mikroben (nicht umsonst wird das Erdreich als „Regenwald des armen Mannes" bezeichnet) sowie Regenwürmer, die den Boden durchlüften und anreichern, und Pilze, die als versierte Biochemiker verrottetes organisches Material in Nahrung für Pflanzen und Humus umwandeln.

Wie lange bleibt ein toter Baum stehen?

EIN TOTER, NOCH AUFRECHT STEHENDER BAUM kann zu jeder Zeit umfallen, vor allem, wenn eine Wurzelkrankheit vorliegt und der Baum Übergewicht bekommt. Jedoch können Bäume, die aufgrund anderer Ursachen absterben, noch circa 100 Jahre stehenbleiben.

Nicht sehr langlebige Bäume wie beispielsweise die Birke (Betula) oder die Fichte (Picea) verwesen schnell und bleiben nur für ein oder zwei Jahre stehen. Widerstandsfähigere Arten mit beträchtlich härterem oder harzreicherem Holz wie zum Beispiel die Kiefer (Pinus) oder die Eiche (Quercus) bleiben ungefähr ein Jahrzehnt aufrecht. Bäume fallen eher in nassen, milden Klimazonen als in trockenen, kalten. Ist der Hallimasch für den Tod des Baumes verantwortlich, verwesen die Wurzeln rasch, und der Baum kann schon sehr bald nach den ersten Anzeichen der Erkrankung umstürzen.

Fällen oder nicht fällen

Die Höhe, der Schutz und die Privatsphäre, die ein Baum bietet, macht es manchmal schwer, ihn zu fällen. Wenn er abstirbt, kann man seine Äste mit einem Geißblatt (Lonicera), Clematis (Clematis) oder Kletterrosen (Rosa) bedecken. Dies kann schön aussehen, jedoch erhöht dies die „Segel"fläche. Diese dichte Fläche fängt mehr Wind ein als die nackten Äste, so dass der Baum Gefahr läuft, umgeweht zu werden.

Je nach Klima und den Bedingungen der Wurzeln und des Holzes kann ein toter Baum oder „Knorren", wie er auch genannt wird, gerade mal zwei Jahre oder auch viele Jahrzehnte stehenbleiben.

Nicht jeder tote Baum wird umgeweht, viele brechen aufgrund von Blätterpilzen und anderen Pilzarten, die die Wurzeln verrotten lassen. Die Reduzierung der Höhe und der ausladenden Äste senken das Risiko.

An Orten, wo umstürzende Bäume keinen großen Schaden anrichten, so zum Beispiel auf offenem Gelände oder im Wald, werden sie sich selbst überlassen, da der verwesende Baum die Fauna sehr unterstützt. Fallen sie schließlich, ziehen die verbleibenden Wurzeln eine große Menge an Erde hoch, so dass ein Erdloch entsteht. Liegt der Baum auf dem feuchten Boden, verwesen die Äste und der Baumstumpf viel schneller als in aufrechter Position. Jedoch bleiben diese Löcher sehr lange bestehen und bilden schließlich die für Urwälder typische löchrige Oberfläche.

FÜNF LEBEWESEN, DIE TOTE BÄUME LIEBEN:

Hirschkäfer (Lucanus cervus): Ein sehr großer Käfer, der leicht an seinen hirschgeweihartigen Kieferknochen zu erkennen ist. Er ist nachtaktiv und seine schwulstigen Larven ernähren sich von verfaulendem Holz.

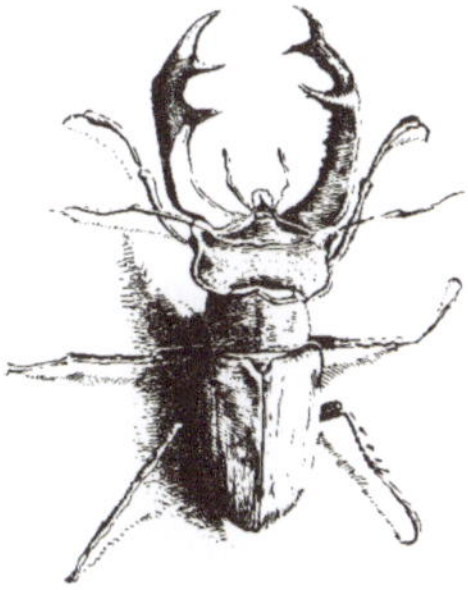

Hirschkäfer
(Lucanus cervus)

Haubenmeise (Parus cristatus): Dieser Vogel baut sein Nest in hohlen Baumstämmen. Er ist häufiger in Nadelwäldern zu finden.

Der Riesenabendsegler (Nyctalus noctula): Diese Fledermausart schläft tagsüber in abgestorbenen Bäumen und geht nachts auf die Jagd.

Asseln (Porcellio scaber): Sie ernähren sich von verwesendem Holz und brauchen einen feuchten Lebensraum, da sie zu den Krustentieren (wie auch Krebse oder Hummer) gehören. Sie werden oft von Gärtnern als Schädlinge gefürchtet, richten aber im Allgemeinen kein Unheil an.

Asseln
(Porcellio scaber)

Der Gemeine Schwefelporling (Laetiporus sulphureus): Ein strahlend gelber, essbarer Pilz, der sich von totem Holz ernährt.

Wieso wachsen Pilze oft unter Bäumen?

ES LIEGT ETWAS LEICHT FANTASTISCHES in dem Anblick von Pilzen, die um den Fuß eines Baumes herum wachsen, was aber kein malerischer Zufall ist. Dass Pilze und Bäume in einer symbiotischen Beziehung zusammenleben, ist etwas ganz Gewöhnliches: Die Pilze sind einfach nur der sichtbare Beweis dafür, was unter der Erde vor sich geht.

Es bleibt in der Familie

Dass Bäume und Pilze gemeinsame Sache machen, hat viele Vorteile. Der Baum tauscht den durch Fotosynthese in seinen Blättern produzierten Zucker gegen Mineralien und Wasser, die der Pilz gespeichert hat, aus. Das Netz der Mykorrhiza-Fäden des Pilzes erstreckt sich weit unter der Erde, und diese dünnen Fäden („Hyphen") sind viel feiner und in größerem Maße vorhanden als die Wurzeln des Baumes und bieten so eine viel größere Fläche für die Nährstoffaufnahme. Schlüsselmineralien wie Phosphor, das in großen Mengen von den Bäumen benötigt wird, gelangen über die Hyphen in die Wurzeln.

Diese Beziehung ist nicht nur nützlich, sondern in nährstoffarmen Böden auch überlebensnotwendig. Während ein Baum in einem gepflegten Garten oder Park selbst genug Nährstoffe aus der angereicherten Erde ziehen kann, benötigt er in einer konkurrenzbetonteren Umgebung das weite unterirdische Netz des Pilzes.

Nicht jeder Pilz an einem Baum meint es gut: Der Hallimasch befällt unterirdisch die Wurzeln und ernährt sich von ihnen, ohne etwas zurückzugeben. Als häufigster Mörder von Gartenbäumen richtet er auch in Wäldern, Kulturen und Obstgärten Unheil an.

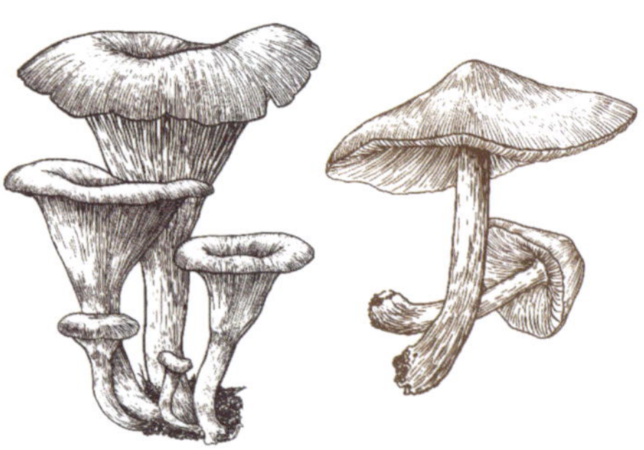

Viele Pilze leben in enger und gegenseitig nutzbringender Verbindung mit den Wurzeln von Bäumen. Im Herbst unterstützen die unterirdischen Pilzgeflechte ihre weitreichende Vermehrung, indem sie Pilze sich überirdisch entwickeln lassen, die fruchtbare Sporen freisetzen.

FÜNF BAUMLIEBENDE PILZE

Es gibt drei köstliche Beispiele sowie zwei, an deren Verzehr Sie nicht einmal denken sollten:

Der Sommertrüffel (Tuber aestivum), in Gemeinschaft lebend mit der Eiche (Quercus) oder Hasel (Corylus), eine teure Delikatesse, die manchmal wild gefunden wird.

Sommertrüffel
(Tuber aestivum)

Echter Pfifferling (Cantharellus cibarius), lebt gerne mit breitblättrigen Bäumen zusammen.
Ein orangefarbener, ansatzweise tunnelförmiger Pilz mit einem köstlichen, leicht blumigen Geschmack.

Echter Pfifferling
(Cantharellus cibarius)

Steinpilz (Boletus edulis), versteht sich gut mit Eichen. Ein runder, brauner Pilz mit dichtem, beinahe fleischigem Aroma, herrlich in Aufläufen.

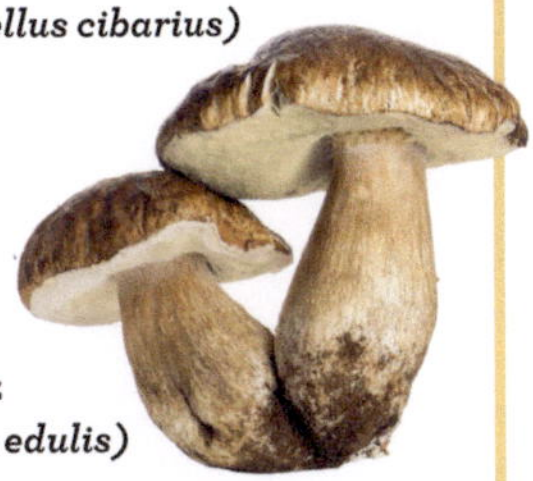

Steinpilz
(Boletus edulis)

Fliegenpilz (Amanita muscaria) mag Birken (Betula). Rote Kappe mit weißen Punkten, wie aus dem Märchen, sehr giftig, mit halluzinogener Wirkung.

Fliegenpilz
(Amanita muscaria)

Zedern-Sandborstling (Geopora sumneriana), ein natürlicher Partner für Zedern (Cedrus) und Eiben (Taxus), ein großer, kelchförmiger Pilz, der sich bei vollständiger Reife in einen sternförmigen Fruchtkörper aufspaltet, giftig.

Zedern-Sandborstling
(Geopora sumneriana)

Wie viel von einer Pflanze steckt in ihren Wurzeln?

Es gibt eine anerkannte Gleichung in der Botanik, das Wurzel-Trieb-Verhältnis, welches das Gewicht des unterirdischen Teils der Pflanze dem Gesamtgewicht des Stängels, des Stamms, der Äste und Blätter gegenüberstellt. Dieses Verhältnis variiert sehr stark, je nachdem, um welche Art von Pflanze es sich handelt.

Wurzeln und Triebe

Man könnte denken, dass ein großer Baum ein großes Wurzelsystem benötigt, und das stimmt in gewisser Weise auch: Kümmerliche Wurzeln lassen ihn leicht umstürzen. Im Verhältnis zu dem ganzen Baum jedoch ist die Wurzelmasse gering, der obere Teil, der „Spross", wiegt das Fünffache der Wurzeln. Der Baum braucht Licht, und vor allem im Wald steht er in Konkurrenz zu seinen Nachbarn. Eine Investition in das Ausbilden seines Stamms und seiner Äste, um sich der Sonne entgegen strecken zu können, ist eine nutzbringende Verwendung seiner Ressourcen.

Andererseits hat Gras den Großteil seiner Ressourcen in den Wurzeln – vier Fünftel seines Gewichts befindet sich unter der Erde. Warum? Weil die meisten Gräser sich entwickelt haben, um gefressen zu werden, und, im Gegensatz zu Bäumen, Ressourcen benötigen, um sofort nachzuwachsen. Sie wetteifern nicht um Licht, jedoch umso mehr um Wasser und Nährstoffe unter der Erde.

Unter guten Bedingungen ist das Wurzel-Trieb-Verhältnis eines Setzlings, hier des Purpur-Sonnenhuts (Echinacea purpurea), ausgewogen, aber bei schlechten Bodenbedingungen kann das Wurzelsystem reduziert ausgebildet sein.

Vielleicht ist es überraschend, dass Bäume verhältnismäßig viel weniger Masse in ihren Wurzeln haben als Gras. Um dies zu verstehen, müssen Sie investitionsbewusst denken: Jede Pflanze investiert in jene Teile, die am ehesten ihr langfristiges Überleben unterstützen.

Ist es sinnvoll, in der Erde vorhandene Steine zu entfernen?

EINE ALTE GARTENREGEL LAUTET, dass man alle größeren Steine aus jedem zu bepflanzenden Boden entfernen sollte. Wie wichtig dies tatsächlich ist, hängt von den Feldfrüchten ab, die Sie anpflanzen wollen, ob Sie den Anblick makellos geharkter Erde mögen oder ob Sie eine eher naturbelassene Anbaufläche bevorzugen.

WAS SPRICHT DAFÜR UND WAS DAGEGEN?

PRO

- **Rasen** – Entfernen Sie alle Steine und rechen Sie die Erde sorgfältig vor dem Aussäen. Ihr Rasen wird sonst holprig, und die Steine können Ihren Rasenmäher beschädigen.
- **Hochbeete** – Darum geht es ja gerade, dass sie mit bester Erde angefüllt sind. Sorgfalt zahlt sich aus.

CONTRA

- **Kunstrasen** – Bei Planung eines fertigen, nicht aus Samen gezogenen Rasens müssen Sie nur oberflächlich die Steine entfernen.
- **Anpflanzen größerer Sträucher** – Der steinige Boden macht ihnen nichts aus.

Wie pingelig Pflanzen in Bezug auf Steine sind, hängt scheinbar von ihrem natürlichen Lebensraum ab: Einige Gebirgspflanzen zum Beispiel wachsen für gewöhnlich auf Geröll. Ein guter Ertrag oder eine üppige Blüte bei einjährigen oder zarten mehrjährigen Pflanzen, die viel Wasser und Nährstoffe benötigen, erfordern jedoch eine gewisse Mühe. Entfernen Sie die Steine aus dem Wurzelbereich, also die obere, ungefähr 30 Zentimeter dicke Erdschicht.

A

Die meisten Bäume sind Steinen gegenüber duldsam, während viele Sträucher als robusteste Mitglieder der Pflanzenwelt ihr Dasein auf den unwirtlichsten Böden fristen können. Bei einem Gemüse- oder Blumengarten lohnt es sich jedoch, Steine vor dem Pflanzen zu beseitigen.

Wenn ich während eines Gewitters unter einem Baum stehe, kann ich die Bewegung seiner Wurzeln spüren?

DAS WICHTIGSTE ZUERST: Stehen Sie während eines Gewitters nie unter einem Baum! Abgesehen von der Gefahr herabfallender Äste (oder im Extremfall des ganzen Baumes), ist ein großer Baum oft das höchste Objekt in der Nähe und deshalb ein gutes Ziel für einen Blitz. Es kann sein, dass dieser Ihre überlegene Leitfähigkeit „entdeckt" und auf Sie überspringt.

Das Wurzelsystem eines Baumes kann sich auf einer Fläche ausbreiten, die anderthalbmal größer als seine Höhe ist. So verfügt er über eine breite Basis, mit der er die Belastungen aufgrund von starkem Wind auffangen kann. Der Einfluss der Bewegung seines Blattwerks, seiner Äste und seines Stammes auf seine Basis wird durch das Wurzelgeflecht kompensiert, das aus einer Erdmasse besteht, die durch ineinander verzahnte Wurzeln gehalten wird.

Betrachten wir die Frage hypothetisch. Wenn Sie während eines Orkans unter einem großen Baum stünden, würden Sie wahrscheinlich spüren, wie die Erde sich unter Ihnen bewegt, da der wogende Baum die mechanische Belastung auf den Stamm an die Wurzeln weitergäbe.

Nicht unfehlbar

Trotz dieser starken Basis fallen Bäume bei kräftigem Wind um. Sie entwurzeln viel schneller – sie reißen beim Sturz das Wurzelsystem mit sich –, als dass sie entzweibrechen. Während des Hurrikans Sandy, der berühmt-berüchtigte Sturm, Höhe-, oder besser gesagt, Tiefpunkt der Hurrikansaison in Nordamerika im Jahre 2012, wurden nahezu 8.500 entwurzelte Bäume allein in New York City gezählt. Und es braucht noch nicht einmal einen Hurrikan, der solch einen Schaden anrichten kann.

WIESO STÜRZEN BÄUME UM?

Der häufigste Grund für die Entwurzelung eines Baumes ist der Windwurf: Der Baumstamm wirkt als Hebel auf den Wurzelteller, so dass der Druck zu stark für diesen wird. Der Baum stürzt um und zieht den gesamten Wurzelteller mit sich. Am anfälligsten dafür sind im Allgemeinen sehr große Bäume, obwohl Bäume in geschlossenen Ortschaften auch betroffen sein können, da sich ihre Wurzeln durch die Gebäudefundamente und andere Baublöcke nicht in dem Maße ausbreiten können, wie es sonst möglich ist. Ein anderer Faktor ist die Bodennässe. Bäume, die in konstant feuchter Erde angepflanzt werden, müssen sich nicht nach Wasser strecken, daher sind ihre Wurzeln für gewöhnlich flacher als die jener Bäume, die in trockenen Gebieten wachsen.

Stürme tun auch ein gutes Werk, denn sie zeigen bisher unentdeckte Gebiete mit faulenden Bäumen auf. Zersetzendes Holz kann die Struktur eines Baumes schwächen und verursacht einen ungleichmäßigen Druck, so dass schwache Stellen dem starkem Wind ausgesetzt werden. Dieser Druck muss nicht unbedingt den ganzen Baum zum Einsturz bringen, jedoch kann er Äste von dem Hauptstamm reißen.

▼ „Kugelgelenk"-Versagen tritt auf, wenn sich der Wurzelballen dreht. Die Baumkrone wirkt wie ein Segel in Sturmböen und übt eine Hebewirkung auf den eingeengten Wurzelballen aus.

Könnte ein Baum einen Swimmingpool austrinken?

FÜR GEWÖHNLICH TRINKEN BÄUME keine Swimmingpools aus. Deren Auskleidung mit Beton oder Fiberglas macht sie auch gar nicht für den Durst eines Baumes zugänglich. Selbst wenn in einem Pool ein Leck sein sollte, würde das Wasser nicht an einen Baum heranreichen, so dass dieser es trinken könnte. Aber wenn ein Baum ungehindert Zugang zu einem Pool hätte, wäre er in der Lage, ihn trockenzulegen?

Die Wasseraufnahme eines Baumes entspricht dennoch nicht wirklich dem menschlichen „Trinken“: Der Prozess der Pflanzenverdunstung bedeutet, dass der Baum ungefähr 90 Prozent des aufgenommenen Wassers direkt wieder in die Atmosphäre abgibt. Lediglich die restlichen 10 Prozent verbleiben im Baum und werden zur Aufrechterhaltung der Abläufe und zur Förderung des Wachstums genutzt. Würde ein Swimmingpool lecken, wäre das Wasser bei den Wurzeln eines jeden Baumes willkommen. Da Wurzeln aber auch Sauerstoff benötigen, wären sie nicht in der Lage, direkt in das Loch hineinzuwachsen. Ein Riss im Pool nahe der Wasseroberfläche wäre ein größeres Risiko, da die Wurzeln so Zugang zu sowohl Wasser als auch Luft hätten. Natürliche, nicht ausgekleidete Pools haben oft riesige, in das Wasser ragende Wurzelsysteme.

▶ Die Rosskastanie (Aesculus hippocastanum) ist ein weitverbreiteter Baum und bringt Kastanien als Frucht hervor. Sie ist extrem anfällig für eine Chlorvergiftung.

Lieblingsdrink

In Bezug auf die Frage, was Bäume gerne trinken, gehört gechlortes Poolwasser nicht dazu. Chlor ist hochgiftig, und ein Chlorgehalt von gerade mal 0,5 Promille im Poolwasser kann einem Baum Schaden zufügen. In der aktiven Wachstumsphase eines Baumes ist Chlor noch viel giftiger, und manche Bäume sind besonders anfällig für eine Chlorvergiftung, nämlich Ahorn (Acer), Rosskastanie (Aesculus) und Esche (Fraxinus). Sie alle haben eine sehr niedrige Toleranzschwelle.

SECHS DURSTIGE BÄUME UND SECHS MÄSSIGE TRINKER

Durstige Bäume

- Ulme *(Ulmus)*
- Blaugummibaum (*Eucalyptus)*
- Weißdorn (*Crataegus)*
- Eiche (*Quercus)*
- Pappel (*Populus)*
- Weide (*Salix)*

Yulan-Magnolie (*Magnolia denudata*)

Blauer Eukalyptus (*Eucalyptus globulus*)

Mäßige Trinker

- Birke (*Betula)*
- Holunder (*Sambucus)*
- Hasel (*Corylus)*
- Stechpalme *(Ilex*)
- Goldregen (*Laburnum)*
- Magnolie (*Magnolia)*

Einbrüche

Normalerweise schaden Baumwurzeln einem Swimmingpool nicht. Würden Sie jedoch eine vergleichsweise brüchige Kunststoffverkleidung neben die spitzen und aufdringlichen Wurzeln eines Bambusbaums aufstellen, könnte der Pool reißen. In der Realität empfiehlt es sich in dem Fall, eine stabile Kunststoffbarriere mindestens einen Meter unterhalb des Bodens einzubringen, die den Boden zwischen Bambus und Pool um einige Zentimeter überragt.

A Große Bäume können angeblich bis zu 450 Liter Wasser am Tag vom Boden aufnehmen. In Bezug auf die potenziell konsumierbare Wassermenge müsste die Antwort also „ja" lauten. Aber da Chlor für viele Bäume hochgiftig ist, würde ihnen dies nicht gut bekommen.

Wieso kommen Steine nach einem Regenguss an die Erdoberfläche?

UNERFAHRENE GÄRTNER BEOBACHTEN MANCHMAL mit Unmut, dass im Frühjahr ihre frisch umgegrabenen und geharkten Beete nach einigen Regenschauern mit Steinen bedeckt sind. Nicht nur das, denn nach Beseitigung der unerwünschten „Ernte“ tauchen im nächsten Jahr wieder viele Steine auf. Was passiert da – manchmal sogar häufiger als einmal?

Ein doppelter Ertrag

Auch wenn Sie die Erde wieder im folgenden Jahr umgraben, wiederholt sich der Vorgang. Erfahrene Gärtner und Kleingärtner akzeptieren bald, dass die Beseitigung der Steine aus der Wachstumszone nach den ersten Frühlingsschauern eine jährliche Pflichtübung ist. Historisch gesehen, kann diese Fülle an Steinen hilfreich gewesen sein. Sie waren eine einfach zu sammelnde Ressource, die für Bauarbeiten benötigt wurden. Im nördlichen Teil Großbritanniens beispielsweise wurden die so gewonnenen flachen Exemplare für die in dieser Gegend charakteristischen Bruchsteinmauern verwendet.

Durch die jährliche Bodenbearbeitung gelangen die für gewöhnlich gleichmäßig im Erdboden verteilten Steine näher an die Oberfläche. Setzt sich der bewirtschaftete Boden nach Regengüssen wieder, sind die Steine offen sichtbar.

ES KÖNNTE SCHLECHTER SEIN

Wenn Sie die Steine von Ihrer Anbaufläche harken, denken Sie daran: In sehr kalten Klimazonen, wo der Boden jedes Jahr gefriert, dehnt sich das gefrorene Wasser im Boden aus und hebt ihn an. Das Ergebnis ist eine Rekordernte an Steinen jedes Frühjahr nach dem ersten Tauwetter.

Auch wenn die Erde regelmäßig gerecht wird, werden weiterhin Steine aus einem geradezu unerschöpflichen Vorrat im Unterboden an der Oberfläche erscheinen.

Wenn ein Baum in Brand gerät, brennen auch seine Wurzeln?

IN KÜHLEN, NÖRDLICHEN KLIMAZONEN sind Wald- oder Buschfeuer kein Grund zur Besorgnis: Sie treten nur selten auf und erfassen normalerweise auch keine großen Waldgebiete. In anderen Gebieten der Welt jedoch, wie etwa in Kalifornien oder in einigen Teilen Australiens, stellen sie eine große Gefahr dar, und Erdfeuer können daran beteiligt sein.

In Großbritannien sind die meisten Baumwurzeln zu sehr von Erde umgeben und die Erde um sie herum ist zu feucht, um Feuer zu fangen, auch wenn der dazugehörende Baum in Flammen steht.

In heißem, trockenem Klima jedoch fangen Wurzeln immer wieder Feuer. Typischerweise entzündet sich totes Material an der Erdoberfläche durch ein Lagerfeuer oder einen Blitzeinschlag. Dieses brennende Material setzt die trockenen und flachen Wurzeln in Brand, so dass gegebenenfalls die Flammen unterirdisch wandern, manchmal über weite Entfernungen, und tage-, wochen- oder sogar monatelang schwelen. Manchmal werden diese unterirdischen Feuer durch ihren Geruch entdeckt, der nach oben entweicht. Schließlich dringt das Schwelfeuer an die Erdoberfläche und bricht aus, wobei es Bäume und Sträucher in Brand setzt und manchmal zu einem ausgedehnten Buschfeuer ausartet. In solchen Gebieten wissen die Feuerwehrleute, dass sie die verbrannten Flächen umgraben müssen, um das unterirdische Feuer zu löschen.

SICHERES LÖSCHEN EINES FEUERS

Jeder Pfadfinder beziehungsweise jede Pfadfinderin hat einmal gelernt, wie man auf sichere Weise ein Lagerfeuer löscht. Da es mittlerweile nicht mehr zum Standardwissen gehört, behalten Sie diese Dinge im Hinterkopf:

- Löschen Sie ein Feuer, indem Sie Wasser darüber schütten.
- Graben Sie ein Feuer nicht in die Erde – es könnte sich unterirdisch entfachen.
- Löschen Sie die Glut und vergewissern Sie sich, dass sie erkaltet ist. Wenn sie zu heiß ist, um sie anzufassen, ist sie zu heiß, um weiterzugehen.

Wie viel Schaden richten Wurzeln an?

GEMÄSS EINER ALTHERGEBRACHTEN, fast schon mythisch anmutenden Auffassung fügen Wurzeln dem Fundament von Gebäuden Schaden zu. Hausbesitzer schätzen Baumwurzeln oft stärker ein als sie sind. In Wirklichkeit haben Wurzeln viele Beschränkungen: Sie benötigen Luft und Feuchtigkeit, um sich auszudehnen (unter der Erde ist mehr Luft als Sie vielleicht denken) und wachsen eher um Hindernisse herum als durch sie hindurch. Wurzeln verursachen oft Schäden, die aber fast immer indirekt erfolgen.

Absenkungen treten auf, wenn ein Haus auf einem nicht sehr starken oder tiefen Fundament und auf nicht angemessen verdichtetem Boden ruht. Als Opportunisten können Baumwurzeln überall wachsen, aber der Platz muss erst einmal da sein. Bestimmte Bodenarten, insbesondere stark tonhaltige Böden, können unter trockenen beziehungsweise nassen Bedingungen erheblich schrumpfen oder aufquellen, und Bäume können diese natürliche Tendenz noch verschlimmern, indem sie dem anschwellenden Boden Wasser entziehen, was zu einem extrem hohen Grad an Schrumpfung führt. Der Boden sinkt allmählich ab, da die Wassermenge, die er erhält, auch bei nassem Wetter, nicht der Menge entspricht, die die Wurzeln aufnehmen. Die Absenkung verursacht also die Gebäudeschäden.

Die Liste der nicht von Wurzeln verursachten Schäden wäre wohl kürzer: Sie beschädigen nicht Abwasserleitungen, Straßenbeläge, Mauern oder Fundamente von Häusern. Solche Schäden rühren üblicherweise nicht vom direkten Einfluss der Wurzeln her, sondern von der Absenkung des Bodens.

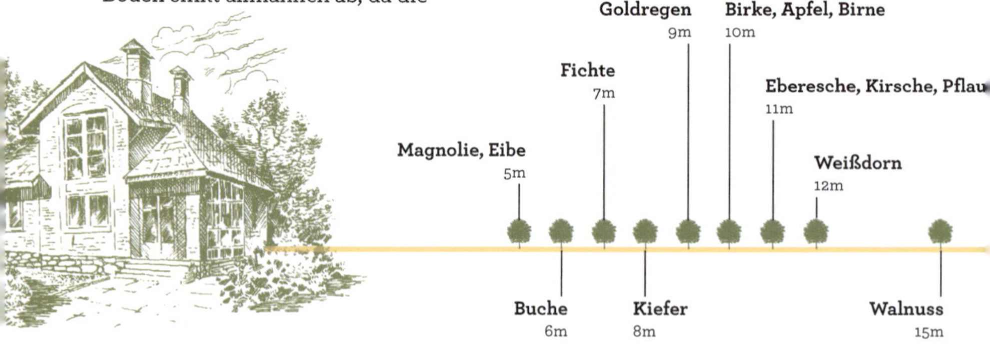

WIE TIEF SOLLTE EIN BAUM GEPFLANZT WERDEN?

Wie tief sollten Sie einen Baum pflanzen? Die Maßnahme, ihn tief in den Boden zu pflanzen, und zwar mit der Spitze des Wurzelballens ein Stück von der Erdoberfläche entfernt, damit der Baum leichter Wasser aufnehmen kann, wird schon lange und heftig von seriösen Gärtnern diskutiert. Schon 1618 sprach sich der Geistliche und Gärtner William Lawson, der ein beliebtes Buch über Bauerngärten („Country Housewife's Garden") verfasst hatte, vehement gegen tiefes Pflanzen von Bäumen aus. Die heutige Wissenschaft teilt diese Ansicht: Bäume scheinen sich wohler zu fühlen, wenn sie „in Bodennähe" gepflanzt werden, das bedeutet, dass die Erde genau auf gleicher Höhe wie die Spitze des Erdballens liegt. Wird ein Baum tief eingepflanzt, ermutigt dies seine Wurzeln, nach oben zu wachsen, da sie Wasser und Luft benötigen. Die perfekte Zusammensetzung dieser beiden Elemente ist vergleichsweise nahe der Erdoberfläche gegeben, daher haben tiefer gepflanzte Wurzeln Mühe, die Luft zu erreichen. Sie wachsen stattdessen eher umeinander herum, als dass sie sich ausbreiten und einen breiten, gesunden Wurzelteller entwickeln, auf den sich der Baum stützen kann. Gesunde Bäume sind flach in die Erde verpflanzt.

Junger Baum bereit zur Auspflanzung

Eine vernünftige Vorsichtsmaßnahme, auch bei einem nicht sehr hohen Risiko, besteht darin, Bäume in angemessenem Abstand von Hauswänden zu pflanzen. Die Wurzeln einiger Bäume dehnen sich viel weiter aus als die anderer Arten, so dass die empfohlenen Pflanzabstände sehr weit auseinandergehen.

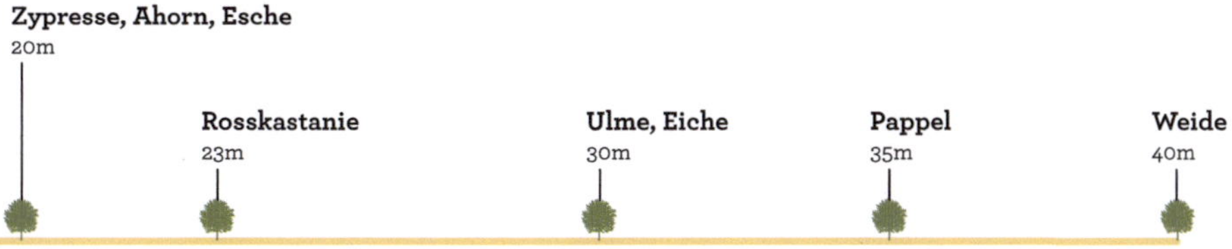

Wie lange halten sich Baumstümpfe?

ÜBERALL DA, WO BÄUME WACHSEN, werden früher oder später Baumstümpfe zu sehen sein. Bäume sterben aufgrund von Krankheiten ab oder werden gefällt, entweder für die Holzindustrie oder weil sie für die beanspruchte Fläche zu groß geworden sind. Nach dem Fällen bleibt der Stumpf zurück. Wie lange verbleibt er dort, wenn er nicht ausgegraben wird?

Einige andere Faktoren können dem Verfall entgegenwirken: Gelegentlich pfropfen sich die Wurzeln eines Baumstumpfes unterirdisch auf die Wurzeln eines anderen, lebenden Baumes auf, so dass der Baumstumpf noch weiter Nahrung aufnimmt und nicht verrottet. Manche Baumarten wie die Kiefer (Pinus), die so von Bäumen in der Nähe „gefüttert" werden, wachsen von ihrem Stumpf aus nicht weiter, bilden jedoch weiterhin jedes Jahr Wachstumsringe wie ein lebender Baum. Wieder andere Gattungen, so zum Beispiel die Weide (Salix), werden nicht durch das Fällen getötet, sondern entwickeln bereitwillig wieder Triebe am Baumstumpf.

Stümpfe können eine Plage für Gärtner darstellen, und mechanisches Ausgraben kann kostspielig sein. Eine Beschleunigung des Prozesses können Sie durch Zerteilung mit einer Kettensäge oder einem Beil erzielen. Dies vergrößert die Oberfläche für Pilze und andere Organismen, welche Verwesung begünstigen.

Baumstümpfe können sich als bemerkenswert widerstandsfähig erweisen, obwohl sie sich für gewöhnlich in einer Umgebung des Zerfalls befinden: feuchtkalter Erdboden, der bei Pilzen, Insekten und Mikroben großen Zuspruch findet, die alle die Verwesung unterstützen.

Erstellen eines Holzgartens

Viktorianische Gärtner liebten Themengärten, allen voran Zierholzgärten. Diese umfassten eine kleine Fläche an Baumstümpfen, um die Farne und andere Waldpflanzen angeordnet wurden. Auch verwesende Stümpfe mit den sich dort ausbreitenden interessanten Pilzen und Moosen bildeten einen großen Schauwert.
Ursprünglich entstanden wohl Holzgärten in Gebieten, wo Bäume gefällt worden und Stümpfe schon vorhanden waren. Als aber die Beliebtheit dieser Gärten anstieg, besorgten sich kühne Gärtner Baumstämme und -stümpfe, um Holzgärten bei sich zu Hause nachzubilden. Wenn Sie so ein Konstrukt in einer Ecke Ihres Gartens anlegen wollen, sei es mit bereits vorhandenen oder käuflich erworbenen Stümpfen, geben Sie der betreffenden Fläche einen Anstoß mittels Naturjoghurt: Dies ermuntert Moose und Flechten, sich anzusiedeln.

▼ Wenn Ihnen Steingärten nicht gefallen, ziehen Sie einen Holzgarten in Betracht. Das Prinzip ist dasselbe: eine gut entwässerte Fläche für zarte Pflanzen. Waldpflanzen, insbesondere Farne, eignen sich sehr gut für Holzgärten.

ZEITPLAN DES VERFALLS

Die Verwesungsdauer eines Baumstumpfes hängt auch vom Baumtyp ab. Auch dessen Holzdichte und Widerstandskraft hinsichtlich der Verwesung spielen eine große Rolle.
Die folgende Liste gibt die Verwesungsdauer von Stümpfen sechs beliebter Baumarten an, bevor sie vollständig verfaulen:

- **Birke (*Betula*)** 40–45 Jahre
- **Fichte (*Picea*)** 55–60 Jahre
- **Pinie (*Pinus*)** 60–65 Jahre
- **Esche (*Fraxinus*)** 75 Jahre
- **Kirsche (*Prunus*)** 75 Jahre
- **Eiche (*Quercus*)** mehr als 100 Jahre

Wenn einjährige Pflanzen jedes Jahr im Winter absterben, sterben dann auch ihre Wurzeln ab?

EINJÄHRIGE PFLANZEN SIND OFT DIE PRÄCHTIGEN, aber kurzlebigen Stars im Garten: Sie wachsen, säen aus und sterben ab, alles während eines einzigen Jahres. Mehrjährige Pflanzen dagegen verwelken, erscheinen aber im nächsten Jahr wieder und vollziehen den Zyklus erneut. Aber was passiert da unter der Erde? Sterben einjährige Pflanzen alle gleichzeitig ab?

Sterben einjährige Pflanzen ab, verschwinden sie – die gesamte Pflanze ist tot. Während des Winters verrotten ihre Wurzeln unter der Erde und hinterlassen sowohl Nährstoffe für andere Pflanzen im Folgejahr als auch Löcher im Boden zur Belüftung und Entwässerung.

Mehrjährig vs. Einjährig

Im Gegensatz zu einjährigen Pflanzen können Stauden Jahre überdauern. Trotzdem behalten sie nicht immer in den Wintermonaten alle ihre Wurzeln: Anders als Bäume benötigen sie sie nicht als Stütze. Mehrjährige Pflanzen lassen deshalb für gewöhnlich in ihrer Ruhephase einige ihrer Wurzeln absterben, behalten aber genug Wurzeln zurück, um das Wachstum im Frühjahr wieder anzukurbeln.

Erdbeeren (Fragaria) sind ein gutes Beispiel für den Wachstumszyklus einer typischen mehrjährigen Pflanze. Während des späten Winters und der ersten Wochen im Frühjahr investiert die Pflanze viel in das Wachstum ihrer Wurzeln. Im späten Frühjahr jedoch verlagert sich das Gleichgewicht, und es wird mehr Energie für die Entwicklung der Blüten und Früchte aufgebracht, und einige Wurzeln sterben ab.

Nach der Ernte bleibt das Blattwerk bis zum Ende des Sommers stehen, wobei die Wurzeln weiterhin absterben, bis die Erdbeere im Herbst schließlich nur noch ihre beständigsten Wurzeln zurückbehält. Obwohl inzwischen diese nur noch einen geringen Prozentsatz der Pflanze ausmachen, beginnen sie über den Winter wieder zu wachsen und bereiten sich auf den Energieschub im Frühling vor.

Wald-Erdbeere (*Fragaria vesca*)

Was ist der Grundwasserspiegel?

WENN ES REGNET, setzt der sogenannte Wasserkreislauf ein. Das Regenwasser fließt in Abwasserleitungen oder -gräben ab, von wo aus es sich in Flüsse oder Ströme ergießt. Ein Teil der Regenmenge sickert durch poröses Gestein, wie zum Beispiel Kalk oder Sandstein, in einen gesättigten unterirdischen Bereich, die Grundwasserschicht, die Quellen speist, welche wiederum in Ströme münden. Diese ergießen sich ins Meer, das zu einem Teil verdunstet und Wolken bildet, die als Regen auf die Erde fallen. So schließt sich der Kreis.

Unterirdische Ebbe und Flut

Sie können sich leicht vorstellen, dass die Grundwasserschicht im Winter ansteigt und im Sommer sinkt. Heftige, lang anhaltende Regenfälle verursachen einen Anstieg des Grundwassers und somit Überschwemmungen. Das Grundwasser liegt den wassergefüllten Gräben und Flüssen am nächsten, aber auf kreidehaltigen oder sandigen Böden, die nicht in der Nähe von Flüssen liegen, ist der gesättigte Bereich viel tiefer. Vielleicht stellen Sie sich die Grundwasserschicht flach vor, jedoch verläuft sie bei abschüssigem Boden mehr oder weniger parallel zu der Oberfläche des Bodens und fließt tatsächlich sehr langsam bergab, durch den porösen Untergrund.

Brunnen werden zur Grundwasserförderung ausgeschachtet und bei einem hohen Grundwasserspiegel flach ausgelegt. Die Bohrlöcher sind trotzdem sehr tief und reichen durch die Grundwasserschicht hindurch, um Zugang zu der verlässlicheren Quelle darunter zu erhalten.

Tief unter der Erde befindet sich eine mit Regenwasser angereicherte Schicht. Unter der Grundwasserschicht ist der Erdboden gesättigt. Wie nahe der Grundwasserspiegel dieser gesättigten Schicht kommt, hängt sehr von dem Ort und der Jahreszeit ab.

Helfen oder behindern sich die im Erdreich aufeinandertreffenden Wurzeln zweier Pflanzen?

UNTER DER ERDE kann es ganz schön voll werden, und es bleibt nicht aus, dass die Wurzeln einer Pflanze auf jene einer anderen Pflanze (oder mehrerer Pflanzen) treffen, da sie sich zu voller Länge ausdehnen. Wenn sie sich begegnen, unterstützen sie sich gegenseitig, kämpfen sie um mehr Platz oder ignorieren sie sich einfach?

Kurze Begegnungen

Die oberirdischen Pflanzenteile kommen nur selten lange genug miteinander in Kontakt, um sich gegenseitig zu behindern. Gärtner leiten diesen Prozess manchmal bewusst ein, was „Ablaktieren" genannt wird, indem sie zwei Äste zusammenbinden, aber dies tritt nicht zufällig auf. Unter der Erde sieht es jedoch anders aus.

Wurzeln, die in einem festen, kompakten Medium wachsen, bewegen sich nur langsam. Wenn sie sich begegnen, werden sie durch die Erde um sie herum zusammengedrückt. Ein Veredeln auf Wurzeln erfolgt nicht durch zwei nah beieinander zusammenwachsende Wurzeln, sondern durch zwei miteinander verschmelzende Wurzeln, die dann eine Einheit bilden. Werden Bäume zu den Wurzeln hinzugefügt, teilen sie sich Wasser und Nährstoffe. Leider können auch einige Krankheiten durch veredelte Wurzeln übertragen werden – es wird angenommen, dass die Ulmenkrankheit auf diese Weise verbreitet wird, genau wie durch rindenbewohnende Käfer. So kann auch ein auf einen Baum oder Baumstumpf aufgebrachter Unkrautvernichter an einen anderen Baum weitergegeben werden, wenn sie sich ein Wurzelsystem teilen.

Gelegentlich veredeln Pflanzen verschiedener Arten ihre Wurzeln spontan, aber das ist selten der Fall. Häufiger kommt das Veredeln bei zwei Pflanzen derselben Art vor, so dass ein starker Baum etwa seinen schwächeren Nachbarn aufrechterhält und beide Bäume Lücken schließen, in denen sich sonst konkurrierende Bäume niederlassen könnten.

A

Die Wurzeln verschiedener Pflanzenarten konkurrieren naturgemäß miteinander. Das Veredeln (zwei Wurzeln verschmelzen miteinander und ergeben eine) jedoch kommt oft in der Natur vor, vor allem bei Pflanzen derselben Art.

PFLANZENKRIEG

Einige Wurzeln können unter der Erde richtig fies werden. Sie haben ihr eigenes chemisches Arsenal entwickelt, um rivalisierende Bäume abzuschrecken.

So sondert die Schwarze Walnuss (Juglans nigra) das wirksame Gift Juglon ab, das die Atmung bei einigen anderen Pflanzen blockiert, wie zum Beispiel beim Apfel (Malus) oder bei Tomaten (Solanum lycopersicum). Juglon kann die Pflanzen über die gesamte Fläche der Wurzeln hinweg beschädigen, deren Ausdehnung das Dreifache der Baumhöhe betragen kann.

Von den Wurzeln des Götterbaums (Ailanthus altissima) wird angenommen, dass sie ein Molekül namens Ailanthon ausscheiden, das für andere Pflanzen giftig ist. Dies hat den Götterbaum zu einem ernsthaften invasiven Schädling in vielen Regionen gemacht.

Die strauchartige Südseemyrthe (Leptospermum scoparium) sondert einen chemischen Hemmstoff ab, ein Molekül namens Leptospermon, das inzwischen künstlich hergestellt werden kann und als kommerzieller Unkrautvernichter auf den Markt gebracht worden ist.

Schwarze Walnuss
(*Juglans nigra*)

Götterbaum
(*Ailanthus altissima*)

Südseemyrthe
(*Leptospermum scoparium*)

Wo endet der Oberboden und wo beginnt der Unterboden?

OBERBODEN IST DUNKEL, KRÜMELIG, SÜSSLICH DUFTEND UND REICH an Würmern und Wurzeln. Unterhalb dieser Oberschicht befindet sich der üblicherweise klar definierte Unterboden aus blasserem und festerem Material mit wenigen Wurzeln und Würmern. Darunter liegt das basisbildende, geologische gebietstypische Material wie zum Beispiel Ton oder Felsgestein.

In Anbauböden entspricht die Tiefe des Oberbodens oft der Tiefe des ihn bearbeitenden Gerätes, etwa ein Spaten oder ein Pflug bei einer Tiefe von ungefähr 20-25 Zentimetern.

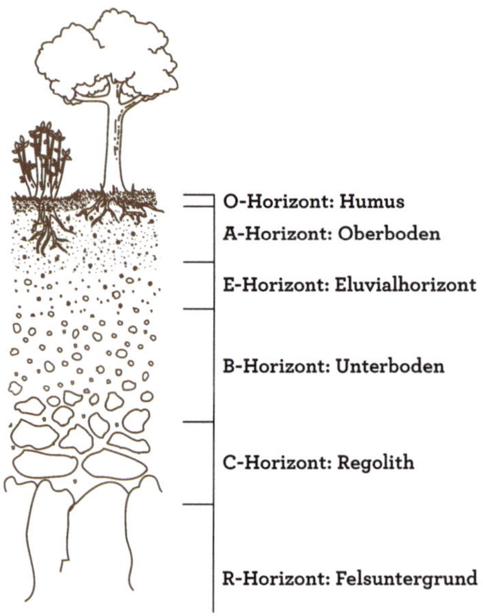

Anhand von Bodenhorizonten werden die Böden von Bodenwissenschaftlern klassifiziert. Bei der Entscheidung, was im Garten gepflanzt werden soll, ist eine Inspizierung des Gartenbodens unerlässlich.

Die Bodenhorizonte

Die bis zum Felsuntergrund reichenden Erdschichten werden Horizonte genannt. In unkultivierten Böden befinden sich bis zu sechs Schichten, und Bodenwissenschaftler, auch als Bodenkundler bezeichnet, markieren jede Schicht mit einem Buchstaben; nicht in alphabetischer Reihenfolge, was für den Neuling verwirrend sein kann. Der Oberboden ist der O-Horizont, normalerweise aus organischem, von Blattpflanzen stammendem, noch nicht verwestem Material bestehend: in einem Waldgebiet etwa heruntergefallenes Laub. In einem feuchten Gebiet jedoch ist dies wasserdurchtränkt und torfig, also sauerstoffarm und deshalb sehr langsam in seinem Verwesungsprozess.

Unter dem O-Horizont liegt der Oberboden („A-Horizont"), die fruchtbare Schicht, dunkel, locker und von Würmern und anderen Bodenwühlern gut durcharbeitet. Hier keimen Samen und wachsen Wurzeln. In nassem Klima werden Mineralien wie beispielsweise Eisen und Aluminium aus dem Oberboden ausgewaschen, die sich unterhalb des A-Horizonts ansammeln: eine blasse, schlammige Schicht, die kein Pflanzenwachstum begünstigt, was weder landwirtschaftlichen noch gärtnerischen Nutzen hat. Dies ist der E-Horizont. (Manchmal fehlt ein klar abzutrennender E-Horizont, und der B-Horizont schließt sich direkt an den A-Horizont an.)

Der B-Horizont, der Unterboden, ist aufgrund fehlenden organischen Materials blass und auch härter sowie weniger durchlässig als die Oberbodenschichten. Er besteht aus angehäuftem Ton und ist mit Eisen und Aluminium durchsetzt. Die Unterbodenschicht ist oft unzureichend entwässert und luftarm und daher grau und säuerlich riechend: Hier können sich keine Pflanzenwurzeln ansiedeln.

Nach B kommt der C-Horizont, der aus „Mutter"-Material des Bodens besteht – typischerweise Kies, Ton oder andere Ablagerungen. Dieser tief gelegene Horizont wird nicht von den Verwitterungsprozessen, welche die Bildung der höher liegenden Schichten bewirken, beeinflusst. Ganz unten befindet sich der R-Horizont, der aus dem Felsuntergrund des Gebietes besteht. Moderne Bearbeitungsmaßnahmen imitieren die Strukturen der natürlichen Horizonte und vermeiden übermäßiges Bodenmischen. Sie fördern die Aktivitäten der Bodenorganismen, die den Boden produktiv halten. Auch nützen sie dem natürlichen Bodenzustand, den die vorhandenen Pflanzen und deren Wurzeln als ihr Habitat entwickelt haben.

IN DER WÜSTE

Einige Regionen verfügen über sehr nahe an der Oberfläche liegendes Muttergestein. In Wüstengegenden sind die wachsenden Schichten flach, und eine harte Schicht mit einer Substanz namens Caliche kann sich genau unter dem B-Horizont ansammeln. Caliche besteht aus Kalk und kann nicht von Wurzeln durchdrungen werden, so dass Wüstenpflanzen oft flachwurzelnd sind.

Amerikanische Agave
(*Agave americana*)

Schadet Feuer dem Boden?

ERDBODEN IST EIN HERVORRAGENDER ISOLIERSTOFF, und Hitze steigt nach oben, so dass gelegentliche Feuer dem Boden darunter kaum Schaden zufügen. Untersuchungen von Waldbränden sowie viel größer angelegte Untersuchungen von kleinen Feuern haben ergeben, dass die Flammen zwar organisches Material und Nährstoffe kurzfristig zerstören, der Boden sich aber sehr schnell erholt, sofern er kurz nach dem Brand wieder neu bepflanzt wird.

Indirekte Schäden

Verschmutzung durch Feuer im Freien ist eine eher indirekte Form der Bodenbeschädigung. Aus diesem Grund gibt es einige Dinge, die Sie nicht verbrennen sollten, insbesondere angestrichenes oder behandeltes Holz.

Wir sagen Ihnen, wieso. In der Vergangenheit enthielten Farben Blei, und bis vor kurzem basierten Holzschutzmittel auf Arsen, Chrom und Kupfer. Alle diese toxischen Schwermetalle verbleiben nach dem Verbrennen in der Asche, und wenn sie erst mal im Boden sind, bleiben sie dort für alle Zeit und können von Früchten und Gemüse aufgenommen werden. Moderne Holzschutzmittel enthalten zudem oft Bor, was auch als Pflanzendünger eingesetzt wird. In großen Mengen wird es aber als Unkrautvernichtungsmittel genutzt.

Mit dieser Anzahl an potenziellen Schadstoffen ist es wichtig, behandeltes Holz zu einer geeigneten Abfallentsorgungsanlage zu bringen – es lohnt sich einfach nicht, das Risiko einzugehen.

Auch wenn keine Schadstoffe vorhanden sind, ist die zurückbleibende Asche sehr alkalisch und enthält Kalium, ein wertvoller Pflanzendünger. Auf sauren Boden aufgebracht, kann die Asche als Neutralisator wirken. Es ist besser, sie nicht am Feuer zurückzulassen, da sie eine extrem hohe Alkalität auf diesem Flecken Erde verursacht.

Wenn Sie jedoch immer auf derselben Stelle ein Feuer machen, hat der Erdboden nicht die Möglichkeit, sich vollständig zu erholen. Es empfiehlt sich, einen Verbrennungsofen zu verwenden oder die Stelle immer wieder zu wechseln, damit nicht ein einziger Flecken Erde das Meiste abbekommt.

Schrumpft trockene Erde im Sommer?

DIE SICH ABWECHSELNDEN JAHRESZEITEN setzen unsere Böden starken Temperaturschwankungen aus, und auch die Menge an Wasser, die über und durch den Boden fließt, ändert sich stetig. Spielt dies eine Rolle? Im Allgemeinen nicht, Erde ist nicht nachtragend. In einigen Fällen jedoch, wenn der Boden austrocknet, strapazieren die sich daraus ergebenden Verschiebungen die errichteten Gebäude zu sehr. Es kann zu Senkungen kommen.

> Die meisten Böden sind relativ beständig: Wird ihnen Wasser entzogen, behalten sie nahezu dasselbe Volumen. Das ist aber nicht bei allen Böden so: Manche Lehmböden schrumpfen, wenn sie austrocknen.

Lehmboden schrumpft beim Trocknen, und Risse erscheinen in der Oberfläche. Gärtnerisch gesehen ist dies ein Vorteil: Die Risse bleiben als Poren, auch wenn die Erde wieder nass wird. Lehmböden sind sehr um ihre eigene Struktur bemüht: Die aus der Schrumpfung resultierenden Risse stellen eine gute Bewässerung und Belüftung für die in ihnen wachsenden Pflanzen sicher.

Der Verlauf der Absenkung

Schrumpfbare Lehmböden schrumpfen im Sommer und schwellen in nasseren Wintern an. Auf Lehmböden stehende Gebäude heben und senken sich entsprechend. Dies ist gemeint, wenn von Sackung eines Gebäudes die Rede ist. Bäume und Bodenbewuchs können dies auch bewirken, da ihre Wurzeln Wasser aus dem Boden aufnehmen, so dass er noch mehr schrumpft. Die Gebäude hätten kein Problem, wenn der Lehmboden jedes Mal nach der Bewässerung zu seinem ursprünglichen Volumen anschwellen würde, aber dem ist nicht so. Bei jeder Rehydration erreicht er lediglich einen Teil seines vorherigen Volumens.

Gebäude mit sehr tiefen Fundamenten können den Unbeständigkeiten der Bodenschrumpfung trotzen, aber bei jenen mit verhältnismäßig flachen „Wurzeln“ können Schäden auftreten, da den Gebäuden die Abstützung fehlt sowie Risse im Mauerwerk entstehen.

Vergifteten die Römer wirklich die Felder ihrer Feinde mit Salz?

DASS AM ENDE DER VERHEERENDEN PUNISCHEN KRIEGE die siegreichen Römer den ihnen unterlegenen Karthagern Salz auf die Felder gestreut haben, damit diese kein Getreide mehr anpflanzen konnten, hat sich wahrscheinlich nicht so zugetragen. Aber wenn doch: Verdirbt Salz wirklich die Ernte?

Die römischen Soldaten wurden mit Salz bezahlt oder erhielten Zuschüsse zu ihrem Lohn, um Salz zu kaufen. Diese wurden salarium genannt, also unser (schweizerisches bzw. süddeutsches) Wort für Bezahlung: „Salär".

Cum grano salis

Die Geschichte von den versalzenen Feldern Karthagos scheint eher eine Erfindung des 19. Jahrhunderts zu sein als eine historisch überlieferte. Im alten Rom musste das Salz noch durch Handarbeit in den Salinen, aus dem Meerwasser oder aus Solebrunnen gewonnen werden, wohingegen es heute mechanisch abgebaut wird, und es war selbst schon so etwas wie eine hoch geschätzte Feldfrucht. Wenn die Römer jedoch die Felder stark gesalzen hätten, hätte es theoretisch klappen können. Salz im Übermaß ist ein effizienter Unkrautvernichter. Eine kürzlich durchgeführte Studie ergab, dass 74 Tonnen Salz pro Hektar ausreichen würden, um einen Acker unfruchtbar zu machen. Diese Legende wollte wahrscheinlich nur zum Ausdruck bringen, dass die Römer das Land der Karthager vollständig verwüsteten oder auch die Quelle, die das Land mit Wasser versorgte, mit Salz verunreinigten.

In heißen Gegenden, wo die Verdunstung höher ist als der Niederschlag, sammelt sich Wasser in niedrig gelegenen Flächen an und verdunstet, so dass sich schließlich Rohmarschen, Salzseen oder Salinen bilden.

A

Im Altertum war Salz ein wertvolles Gut: Den römischen Soldaten wurde üblicherweise ein zusätzlicher Betrag ausgezahlt, um es kaufen zu können. Aber wie sehr sie ihren Feind auch fürchteten oder hassten, sie hätten vermutlich nicht solch eine teure Ressource verschwendet.

So kann man auf wirksame Weise Getreidefrüchte zerstören: Salz ist der Fluch der Bewässerung, und Bewässerungssysteme wurden schon vielfach von Bauern im 2. Jahrhundert nach Christus eingesetzt, der Zeit der Plünderung von Karthago. Von Pflanzen aufgenommenes Salz kann diese töten, und es sickert stetig durch das Erdreich bis zu den Wurzeln hinab. Schließlich werden die bewässerten Felder zu salzig, um sie bewirtschaften zu können. So müssen sie entweder für einige Zeit aufgegeben oder durch Auswaschung mit viel Süßwasser entsalzt werden.

Der Europäische Queller (Salicornia europaea) ist eine salzliebende Pflanze (Halophyt), die auf Böden gedeiht, die zu salzig für den Ackerbau sind. Halophytische Kulturpflanzen ermöglichen die Nutzung von Salzböden.

WO SALZ DIE ERNTE TÖTET

Obwohl von Anbeginn an Bewässerungssysteme mit hervorragenden Ableitungskanälen in Regionen mit wenig Niederschlag errichtet werden, um eine zufällige Ansammlung von Salz auf Ackerland zu vermeiden, sind sie nicht immer erfolgreich. Der Boden enthält naturgemäß eine geringe Menge an Salz, aber ein großer Teil davon setzt sich in dem Wasser ab, das für die Bewässerung der Feldfrüchte genutzt wird. Bis das Salz konzentriert genug ist, um sichtbar zu werden (als weiße Salzkruste auf der Erde), ist der Erdboden darunter unfruchtbar. Die Anbauflächen weltweit nehmen immer mehr zu, da die Länder bemüht sind, ihre wachsenden Einwohnerzahlen mit Nahrung zu versorgen, aber gleichzeitig mit der Bewirtschaftung von Land und dessen Rückgewinnung vom Meer steigt auch die Gesamtfläche der zu salzigen Böden, um Feldfrüchte anzubauen: 2014 wurde sie auf eine Fläche mit der Größe von Frankreich geschätzt: 62 Millionen Hektar. So verwundert es nicht, dass Langzeitstudien sich damit beschäftigen, wie man Herr über den natürlichen Feind des Bodens auf der Erde werden kann.

Wie kommunizieren Würmer?

REGENWÜRMER SIND NICHT FÜR IHRE GESPRÄCHIGKEIT BEKANNT. Sie scheinen sich weder gegenseitig bei nahenden Räubern zu warnen noch sich über neue, üppige Nahrungsquellen auszutauschen. Dies bedeutet nicht zwangsläufig, dass sie nicht kommunizieren können, sondern nur, dass hierüber nicht so viel bekannt ist. Und die Natur des Bodens, der dunkel, schwer und undurchsichtig ist, hat die Forschung bisher entmutigt, weitere Untersuchungen über Würmer und andere unter der Erde lebende Tiere anzustellen.

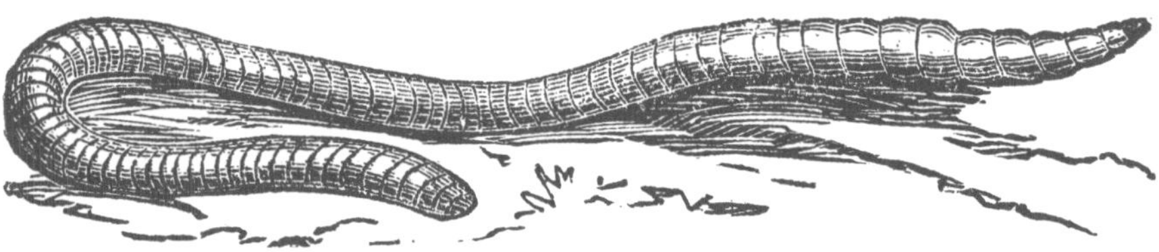

Gemeiner Regenwurm
(Lumbricus terrestris)

Andere Experimente zeigen, dass Würmer offenbar Herdenaktivität gutheißen, was in der Biologie oft als Verteidigung durch Zahlen bezeichnet wird. Abgesehen vom Regenwurm haben kürzliche Untersuchungen ergeben, dass der Kompost- oder Mistwurm – jener lange, rote, dünne Wurm in den Kompostbehältern – doch nachweislich zur Kommunikation fähig ist. Aus Sicht eines Wurms sind Fadenwürmer (Nematoden), eine Familie der Spulwürmer mit mehr als 25.000 Arten, unter denen einige beinahe jeden Lebensraum von der Wüste bis zum Ozean erobert haben, Meister der Kommunikation. Experimente an der Cornell University haben ergeben, dass sie sich gegenseitig chemische Signale in erstaunlich komplexer Form senden. Die Würmer konnten chemische Marker in Kombination aussenden, und verschiedene Kombinationen hatten verschiedene

A

Es gibt spannende Anzeichen dafür, dass Kommunikation existiert. Regenwürmer beispielsweise scheinen wählerisch zu sein, wenn es um die Paarung geht, so dass sie sogar die Wohnröhre des potenziellen Partners besuchen, wobei es unwahrscheinlich ist, dass sie eine Kommunikation nicht zumindest versuchen.

EINEM FÜHRER FOLGEN

Verschiedene kontrollierte Experimente sind bereits durchgeführt worden, um herauszufinden, welche Sinne Regenwürmer benutzen, wenn sie zusammen sind. Bei einem Experiment wurden Würmer in einem Labyrinth ausgesetzt, an dessen beiden Ausgängen sich Futter befand. Wurden sie getrennt voneinander freigesetzt, wählten sie frei den einen oder den anderen Ausgang; wurden sie zusammen ausgesetzt, schienen sie alle denselben Ausgang zu bevorzugen. Wissenschaftler lesen daraus, dass Würmer sich nicht Dinge durch das Absondern von chemischen Sekreten „erzählen". Folgte ein Wurm dem anderen, jedoch außer Sichtweite, schien es keine Rolle zu spielen, was der erste Wurm tat. Denn sie scheinen etwas zu besitzen, was dem Herdentrieb ähnelt, wenn sie nahe genug beieinander sind, dass sie sich berühren können.

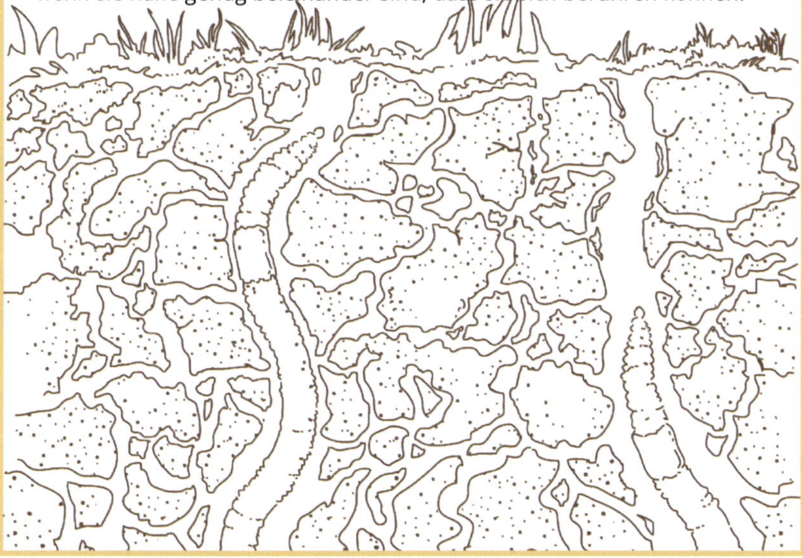

Bedeutungen. Zum Beispiel benutzten die Würmer zwei Chemikalien, die Würmern in der Nähe zu „sagen" schienen, dass sie auf Abstand gehen sollten. Kam jedoch zu diesen beiden Chemikalien eine dritte hinzu, bedeutete dieses Signal wohl, dass die anderen Würmer näherkommen sollten. Sogar Nematoden können nicht als Meisterredner bezeichnet werden, aber die Differenziertheit ihrer chemischen Sprache deutet an, dass es auf diesem Gebiet noch mehr zu entdecken gibt.

Was passiert mit den Wurzeln, wenn eine Pflanze abstirbt?

WAS OBERIRDISCH GESCHIEHT, wenn eine Pflanze abstirbt, ist klar: Wird sie sich selbst überlassen, verwest sie und wird der Erde zurückgeführt, die Blätter und fleischigen Teile sehr rasch, holzige Stängel und Baumstämme über eine längere Zeit. Aber was geschieht unter der Erde?

Wurzeln verwesen in feuchter Erde, wobei die kleinen rasch verschwinden und die größeren, holzigen manchmal Jahre überdauern. Holz widersteht naturgemäß dem Verfall, und sogar hoch angepasste und hartnäckige Bakterien und Pilze im Boden brauchen eine gewisse Zeit, um es zu zersetzen.

Wenn Wurzeln verwesen, liefern sie nicht nur Nahrung für all die Organismen unter der Erde, etwa Pilze, Bakterien und holzbohrende Insekten, sondern sie dienen auch der Erde: Sie verschwinden und hinterlassen Öffnungen, die die Erde belüften und eine Entwässerung effizienter machen. Der Nachteil ist, dass wurzelschädigende Pilze angezogen werden, welche sich überhaupt nicht mit anorganischem Material begnügen. Manche, wie zum Beispiel der Hallimasch oder der Wurzelschimmel, sind hoch effizient und können sich auf gesunden Pflanzen oder Bäumen ausbreiten und sie töten.

Aus diesem Grund werden üblicherweise in der Forstwirtschaft die Stümpfe und Wurzeln toter oder gefällter Bäume, die sehr groß sein können – ungefähr ein Viertel der Masse eines Baumes kann in seinen Wurzeln sein –, ausgegraben, was zu den bis zu 150 Tonnen an Stümpfen und Wurzeln pro Hektar in einem Nadelwald hinzukommt. So werden Wurzeln manchmal tatsächlich geerntet und für die Erzeugung erneuerbaren Treibstoffs verwendet.

Wurzeln werden oft von Gärtnern übersehen, aber wenn Pflanzen absterben oder nicht gedeihen, deckt eine Prüfung der Wurzeln oft die Ursache dafür auf.

F

Was passiert, wenn das Gießen eingestellt wird?

IN VIELEN KLIMAZONEN ist das Wässern nicht so essenziell, wie ein unerfahrener Gärtner annehmen könnte. Zumindest in den feuchten, kühlen nördlichen und westlichen Regionen Großbritanniens enthält die Erde für gewöhnlich genug Wasser für gängige Pflanzen, so dass sie ohne zusätzliches Gießen auskommen. In den extrem trockenen östlichen und südlichen Gebieten jedoch, insbesondere dort, wo der Boden sandig ist, profitieren die Pflanzen von zusätzlicher Bewässerung.

Bläuliche und wächserne Blätter, verlangsamtes Wachstum und in der Mittagshitze verdorrende Pflanzen sind Anzeichen für Trockenstress. Bleibt das Wasser nicht zu lange aus, erholen sich Zierpflanzen mit Rückkehr des Regens, und brauner Rasen wird wieder grün. Anhaltender Wassermangel schädigt jedoch dauerhaft Kulturpflanzen wie Tomaten (Solanum lycopersicum) und Salat (Lactuca sativa). In sehr heißen Klimazonen mit sehr trockenen Böden überleben nur alteingesessene und trockenheitsresistente Pflanzen. Empfindlichere Arten gehen jedoch ein, wenn sie nicht oft und regelmäßig gegossen werden.

A

Pflanzen, die noch kein vollständiges Wurzelsystem ausgebildet haben, benötigen extra Wasser, um trockene Perioden zu überleben. Diese Gruppe beinhaltet sowohl Setzlinge als auch frisch umgesetzte Pflanzen, auch wenn sie vollständig ausgereift sind.

SINNVOLL GIESSEN

Eine Menge Wasser geht in Gärten verloren: entweder deshalb, weil die Pflanzen das Wasser nicht wirklich benötigt haben oder weil nicht in ausreichender Menge gegossen wurde. Ein kurzes Wässern mit dem Schlauch bringt nicht viel. Viel effektiver ist ein gründliches, aber weniger häufiges Gießen, das ungefähr einer Menge von 25 mm Regen entspricht, und zwar alle 10–14 Tage.

Wieso gedeihen Topfpflanzen oft nicht?

EGAL OB SIE AUSSEN- ODER ZIMMERPFLANZEN SIND, haben Topfpflanzen ein Hauptproblem: Ihr Überleben hängt von ihrem Besitzer ab. Vielen bekommt das übermäßige Gießen nicht, andere Pflanzen erhalten Wasser auf gut Glück, also entweder alles oder nichts. Und natürlich gehen einige schlicht aufgrund von Vernachlässigung ein.

Zeitpunkt des Gießens

Die Beurteilung, wann und wie viel gegossen werden sollte, ist schwierig. Es gibt keine einfache Regel, außer seine Pflanzen zu beobachten. Übermäßiges Gießen ist jedoch nur dann für eine Pflanze tödlich, wenn der Boden sich vollständig vollsaugt. Kann das überschüssige Wasser ablaufen, ist das Schadenrisiko geringer. Ein schlechtes Zeichen ist, wenn sich die Wasserabführung langsam vollzieht: Sie können dies daran sehen, wie schnell das Wasser nach dem Gießen aus den Löchern am Boden des Topfes abfließt. Die Topferde verdichtet sich und verliert ihre Struktur, und es gibt nicht mehr genug Lücken, durch die das Wasser aus dem Topf herausfließen kann. Das Wasser wird in den wenigen verbleibenden Lücken zurückgehalten, und es gibt nicht genug Platz für Luft in dem Topf. Wurzeln kommen ohne Luft nicht aus und werden anfällig für Krankheiten. Wenn Sie also langsames Abfließen bemerken, topfen Sie die Pflanze sofort in frische Erde um. Zimmerpflanzen sind noch anfälliger als draußen gehaltene Topfpflanzen, weil die Lichtstärke in Räumen für gewöhnlich niedriger ist und die Pflanzen das Wasser vergleichsweise langsam nutzen.

Zimmerpflanzen gießen

Der Zeitpunkt für das Gießen von Zimmerpflanzen muss gut gewählt werden. Die Pflanzen müssen vor erneutem Gießen trocknen können, aber nicht zu sehr. Durch das Trocknen gelangt genügend Luft in die Wurzelzone. Gießen Sie, bis das Wasser aus dem Topf in den Untersetzer läuft, und lassen Sie die Pflanzen dann trocknen. Belassen Sie die Pflanzen nicht im Wasser. Verwenden Sie Flüssigdünger in einem separaten Gießvorgang, und warten Sie erneut, bis die Pflanzen trocken sind.

Staunässe ist der Hauptgrund dafür, wieso Topfpflanzen nicht gedeihen. Sie haben im Gegensatz zu Freilandpflanzen viel weniger Boden, aus dem sie das Wasser ziehen können. Daher benötigen sie regelmäßiges und angemessenes Wässern, das sowohl sehr trockene als auch durchnässte Erde ausschließt.

FÜNF LEICHT ZU PFLEGENDE ZIMMERPFLANZEN

Nicht jede Zimmerpflanze ist schwierig zu pflegen. Wenn Sie keinen grünen Daumen haben, finden Sie hier fünf reizvolle Beispiele, die nicht anspruchsvoll oder überempfindlich sind. Dies bedeutet nicht, dass Sie sie komplett vernachlässigen können. Sie können ganz zuversichtlich schöne Ergebnisse mit minimalem Aufwand erwarten.

Klivie (Clivia). Diese Pflanze bildet lange, riemenförmige, dunkelgrüne Blätter und prächtige, trompetenförmige Blüten aus, die orange, rot, gelb oder weiß sein können. Sie kommt mit einer gemäßigten Menge an Licht und Wasser aus.

Klivie (*Clivia*)

Drachenbaum (Dracaena marginate). Große und eindrucksvolle Zimmerpflanze mit oft buschigen, schmalen Blättern. Die hier gezeigte Art hat rot gefärbte Blattspitzen. An einem sonnigen Standort kann sie eine Höhe von 2 Metern erreichen.

Drachenbaum (*Dracaena marginata*)

Geigenfeige (Ficus lyrata). Große, prächtige, violinförmige Blätter. Kann eine eindrucksvolle Größe erreichen.

Philodendron hederaceum var. oxycardium: Elegante und schnell wachsend, mit hängendem, hellgrünem und glänzendem Blattwerk.

Dach-Hauswurz (Sempervivum tectorum). Eine Sukkulente, die fortwährend ansprechende, dichte Blattwirbel produziert. Sie können sogar aus den Ablegern neue Pflanzen züchten und sie verschenken.

Dach-Hauswurz (*Sempervivum tectorum*)

Kann Erdboden krank werden?

DIE GESUNDHEIT EINES BODENS wird für gewöhnlich beurteilt, indem das Ausmaß seiner Fähigkeit, das Leben von Pflanzen zu unterstützen, herangezogen wird. Er kann durch unterschiedliche Gründe erkranken, etwa durch den Anbau derselben Feldfrüchte, so dass er auslaugt. Seine Struktur kann auch beispielsweise durch Bauarbeiten beschädigt werden. Dauerhaftes Fluten beziehungsweise Staunässe kann dazu führen, dass nutzbringende Arten, wie zum Beispiel Würmer, gegen weniger nützliche Arten ausgetauscht werden.

Ein nährstoffarmer Boden kann auf einfache Weise gesund und fruchtbar gemacht werden, indem organisches Material hinzugefügt und der Boden „umgedreht", also umgegraben und gepflügt wird, um ihn durch zu mischen, zu belüften und den Unterboden aufzulockern. Die Entwässerung sollte auch verbessert werden.

Derselbe Ort, neue Feldfrüchte

Wiederholtes Anpflanzen derselben Feldfrüchte an derselben Stelle kann den Boden krank machen. Bestimmte Sorten, wie etwa Äpfel (Malus), Erbsen (Pisum sativum), Kirschen (Prunus), Klee (Trifolium) und Kartoffeln (Solanum tuberosum) sind berühmt-berüchtigte Auslöser für das „kranke-Boden-Syndrom" (oder auch „Spezifische Nachbaukrankheit"). Während die Ursachen nachweislich biologischer Natur sind, ist sonst nicht viel darüber bekannt: Die Schuldigen sind wohl Pilze, Viren oder Nematoden. Bei diesem Syndrom hat der Anbauer drei Möglichkeiten: Anpflanzen von anderen Feldfrüchten auf der Ackerfläche, Dampfsterilisieren des Bodens (langsam und teuer, aber für gewöhnlich erfolgreich) oder Biofumigation. Hierbei wird auf der betroffenen Fläche Kohl angebaut, der viele Schwefelverbindungen enthält. Zerkleinert wird er unter die Erde gemischt. Die beschädigten Blätter setzen eine natürliche Chemikalie namens Isothiocyanat frei, das weitgehend risikofrei die Umgebung sterilisiert.

▼ Ein Teelöffel voll gesunden fruchtbaren Bodens enthält eine Milliarde Bakterien sowie Zigtausende Pilze, Algen und andere Mikroorganismen.

Ein Boden kann krank werden, sich aber auch wieder erholen. Der Schlüssel zur Heilung liegt wie beim Menschen in der korrekten Diagnose, gefolgt von der richtigen Behandlung, um seine Genesung zu fördern.

FRUCHTWECHSEL

Eine der ältesten Methoden, Ackerboden gesund zu halten, ist der Fruchtwechsel. Diese altertümliche Anbaumethode wurde schon von römischen Autoren erwähnt und war im Mittelalter gängige Praxis. Sie basiert auf dem Gedanken, dass Anbaufrüchte verschiedene Schädlinge und Krankheiten haben und verschiedene Nährstoffmengen und -zusammensetzungen aus dem Boden aufnehmen. Daher ist es besser, eine Kulturpflanze jedes Jahr an verschiedene Orte des Gemüsegartens zu setzen, anstatt sie an derselben Stelle anzupflanzen und eine möglichst lange zeitliche Lücke zu lassen, bis sie erneut dort angepflanzt wird. Heutzutage ist die Vierfelderwirtschaft am gebräuchlichsten, so dass eine Kulturpflanze lediglich alle vier Jahre an derselben Stelle angebaut wird – lange genug, um das Risiko eines Anstiegs kulturspezifischer Schädlingsprobleme oder entsprechender Auslaugung hinsichtlich bestimmter Nährstoffe zu eliminieren.

Macht das Salzen des Bodens Tomaten auch salzig?

PFLANZEN MIT ZUGANG ZU VIEL LICHT, WASSER UND DÜNGER sind oft sehr ertragreich. Dies ist vorteilhaft für Landwirte, die nach Gewicht oder Menge ihrer Kulturpflanzen bezahlt werden, aber ein üppiger Ertrag kann gleichsam einen Verlust im Geschmack bedeuten. Jeder hat schon einmal eine große, gesunde und köstlich aussehende Frucht gegessen, eine Tomate zum Beispiel, die aber fade geschmeckt hat.

Ein kurzer Moment Stress für die Mutterpflanze, vielleicht das Ausbleiben von Wasser oder Nährstoffen, kann zu einer kleineren Frucht, aber zu einem konzentrierteren Geschmack führen. Gießt man Tomatenpflanzen mit Salzwasser, erfahren sie ein bisschen Stress und bilden so eine schmackhaftere Frucht aus. Diese Theorie wurde von in Israel durchgeführten Forschungen unterstützt, wo das mit zu 10 % Salzwasser versetzte Gießwasser die Zunahme von Antioxidantien (in Bezug auf Geschmack) ermöglichte. Alles jedoch in Maßen. In trockenem Klima oder in Treibhäusern kann Salz dem Boden Schaden zufügen. Außerhalb von Gebäuden in gemäßigtem Klima wäscht der Regen überschüssiges Salz aus dem Boden heraus.

A Die moderate Beigabe von Kochsalz im Boden macht die Feldfrüchte, wie beispielsweise Tomaten, nicht salzig, jedoch kann dies ihren Geschmack verbessern.

MEHR GESCHMACK

Sie können das Salzexperiment an Ihren Tomaten zu Hause durchführen, indem Sie sie mit einer Salzlösung gießen. Der Zeitpunkt ist nach der Blüte, wenn die Früchte sich zu entwickeln beginnen. Bereiten Sie eine starke Salzlösung zu, indem Sie 100 Gramm Salz in 1 Liter Wasser auflösen. Geben Sie 4 Milliliter in eine Gießkanne von 9 Litern und gießen Sie jede Pflanze mit 2 Litern der Lösung. Gießen Sie wöchentlich mit dieser Lösung (und zwischendurch mit reinem Wasser). Weist Ihre Tomatenpflanze Blattbräune auf, haben Sie es übertrieben: Spülen Sie das überschüssige Salz mit sauberem Wasser aus und beginnen Sie von vorn.

Wieso kann Gartenerde nicht für Topfpflanzen verwendet werden?

TOPFPFLANZEN FÜHREN EIN SEHR EINGESCHRÄNKTES LEBEN. Ihre Wurzeln sind sehr eingeengt, und als Zimmerpflanzen oder in Treibhäusern haben sie es wärmer und wachsen schneller als ihre Freilandgeschwister. Die Topferde, in der sie wachsen, muss in der Lage sein, ein hohes Maß an Nährstoffen auf kleiner Fläche zur Verfügung zu stellen, eine hohe Wachstumsrate zu unterstützen und Verankerung zu gewährleisten. Sie hat also eine anspruchsvolle Aufgabe zu erfüllen.

Gartenerde hat viele Vorzüge, ist aber nicht so sehr wie spezielle Topferde für die unterschiedlichen Bedürfnisse von Topfpflanzen geeignet. Sie kann aber mit einigen Zusätzen für die Verwendung in Blumentöpfen modifiziert werden.

Pflanzen haben sich nicht für ein glückliches Leben in Töpfen entwickelt, daher brauchen sie dabei viel Unterstützung. Es liegt in ihrer Natur, großflächig und im Wettstreit mit anderen Pflanzen Wurzeln zu bilden. Damit ihre Wurzelsysteme gedeihen, benötigen sie Wasser und Luft. Zuviel Wasser jedoch lässt die Pflanzen absterben, da die Wurzeln ertrinken oder es vermehrt zu Krankheiten kommt. Bei zu viel Luft (also zu viele Lücken in der Topferde) trocknen Topfpflanzen entweder leicht aus oder benötigen eine irrsinnige Menge an Gießwasser.

Einfach ausgedrückt, fordern Topfpflanzen zu viel von der Gartenerde, in der sie wachsen, um sie zufriedenzustellen.

Fruchtbare, gut gepflegte Gartenerde, die Auflockerung durch Würmer und anderer Bodenfauna sowie die Verfügbarkeit von viel mehr Platz zum Wachsen sind die richtigen Bedingungen für Belüftung und Befeuchtung ihrer Wurzeln. Ohne diese Faktoren ist Gartenerde zu kompakt für Topfpflanzen.

WIE ES FUNKTIONIERT

Sie können Gartenerde für eine erfolgreiche Verwendung in Töpfen abändern. Mischen Sie zwei Teile Erde mit einem Teil vollständig verwestem Gartenkompost und fügen Sie groben Sand hinzu, sodass Sie eine krümelige Mischung erhalten. Fügen Sie 35 Gramm Grunddünger pro 10-Liter-Eimer hinzu, bevor Sie die Pflanzen eintopfen.

Gibt es Pflanzen, die ohne Erde auskommen?

GÄRTNER SIND DARAN GEWÖHNT, sich Sorgen über den pH-Wert ihrer Gartenerde zu machen und darüber nachzudenken, welche Erde am besten für ihre Pflanzen geeignet ist, wie sie die Erde verbessern können, und sogar darüber, wie sie die Umgebung einer Lieblingspflanze verändern können, wenn sie nicht gedeiht. Wie viele jedoch denken daran, dass es viele Pflanzen gibt, die gar keine Erde benötigen?

Vielleicht besitzen Sie auch eine der beliebtesten Pflanzen, die ohne Erde auskommen. Die Nachtfalter-Orchidee (Phalaenopsis) ist ein Epiphyt. Wenn Sie in ihren Behälter schauen, werden Sie keine Topferde vorfinden, sondern ein klumpiges Medium, das aus kleinen Blöcken Kokosbast oder -schale, faseriger Steinwolle und Rindensplittern besteht. Dies kopiert die Bedingungen, der eine Orchidee in der Wildnis ausgesetzt wäre, wo sie auf Baumrinde wächst. Ihre Wurzeln haben sich so sehr an das Leben auf der Oberfläche eines Baumes angepasst, dass eine

Die Nachtfalter-Orchideen (Phalaenopsis) sind Epiphyten (auf Bäumen lebend), gedeihen aber in einem Topf, wenn ein klumpenförmiges, mit Rindenschnitzel gefülltes „Topfmedium" verwendet wird.

Viele Pflanzen haben sich dahingehend entwickelt, ohne Erde leben zu können, unter anderem obligatorische Parasiten, die anderen Pflanzen Schaden zufügen, während sie auf ihnen wachsen, Epiphyten, die harmlos auf Bäumen leben und Lithophyten, die ihr kärgliches Dasein auf nackten Felsen fristen.

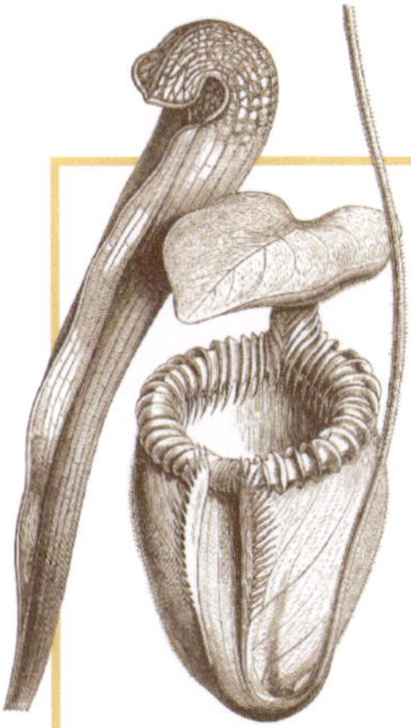

Kannenpflanze (*Nepenthes villosa*)

FELSENBEWOHNENDE FLEISCHFRESSER

Lithophyten kommen mehr schlecht als recht auf nackten Felsen ohne Zugang zu Nährstoffen aus. Daher haben sich viele zu fleischfressenden Pflanzen entwickelt und locken Insekten auf verschiedene, geniale Art und Weise in die Falle, was von klebrigen Blättern bis hin zu „Kannen" der tropischen Kannenpflanzen (Nepenthes) reicht, welche Insekten in mit Flüssigkeit gefüllte Behälter locken, so dass diese nicht mehr hinausgelangen können.

Nachtfalter-Orchidee sogar auf einem flachen Stück Rinde gedeihen könnte, wohingegen herkömmliche Topferde ihren sicheren Tod bedeuten würde.
Pflanzen, die ohne Erde auskommen, sehen nicht immer wie Pflanzen aus. Eine der hübschesten ist das Louisianamoos (Tillandsia usneoides), das sich in den Südstaaten Amerikas in riesigen Girlanden um Bäume herabwickelt. Trotz ihres Namens und ihrer äußeren Erscheinung ist es gar kein Moos, sondern ein ferner Verwandter der Bromelien (Ananasgewächse). Ohne Erde, die Anspruch auf Wasser erhebt, gedeihen sowohl Epiphyten als auch Lithophyten am besten in sehr nasser Umgebung, wie zum Beispiel Regenwäldern.
Auch viele wasser- oder freischwebende Arten benötigen weder Verankerung noch Nährstoffe aus der Erde. Sie laufen nicht Gefahr zu vertrocknen und haben sich dahin gehend angepasst, Nährstoffe aus dem sie umgebenden Wasser zu ziehen. Die besonders invasive Dickstielige Wasserhyazinthe (Eichhornia crassipes) fällt in diese Kategorie, wie auch einige gewöhnlichere einheimische Pflanzen, wie zum Beispiel Wasserlinsen (Lemna) und die Krebsschere (Stratiotes aloides).

Dickstielige Wasserhyazinthe (*Eichhornia crassipes*)

Welche Erde schmeckt am besten?

WONACH SCHMECKT ERDE? Und wie können Sie das wissen? Einige Landwirte gehen so weit, ihre Erde zu kosten, um beurteilen zu können, wie fruchtbar und gesund sie ist. Fruchtbare Erde soll süß schmecken, die gut zu dem Geruch gesunder, frisch umgegrabener Erde passt. Saurer Boden soll scharf wie Zitronensaft schmecken. Ein erfahrener Bodenkoster kann diese Säure „lesen" und deshalb den Kalkgehalt erhöhen, um so den pH-Wert seines Gartens anzuheben.

Süße Feldfrüchte aus süßem Boden

Sie können die Gesundheit Ihres Bodens ernst nehmen, ohne ihn essen zu müssen. Aber welche Art von Pflege geben Sie den leckersten und schönsten Ackerfrüchten, was auch immer Sie anpflanzen?

Als ein kanadischer Berater für nachhaltige Lebensmittel in den 1990er Jahren entdeckte, dass die Anbauweise und Pflege seiner Feldfrüchte sich unterschiedlich auf ihren Geschmack auswirkten, führte er eine Studie mit verschiedenen Ackerfrüchten durch, die in verschiedenen Bodenarten angebaut worden waren.

Den Erdboden zu kosten, ist eine traditionelle Methode, die ihren Ursprung in Osteuropa hat. Fachleute schwören, dass es ihnen wertvolle Informationen über den Zustand ihres Bodens gibt. Im Boden sind jedoch Krankheitserreger enthalten, so dass Sie hiervon besser Abstand nehmen sollten.

▼ Winterrettich ist eine schnell wachsende und robuste Deckpflanze mit tiefen Wurzeln, die den Boden aufbricht. Es werden Untersuchungen über ihn in seiner Eigenschaft als Bodenverbesserer durchgeführt.

Als er Deckpflanzen außerhalb der Saison anbaute, stellte er fest, dass die Pflanzen, die er auf demselben Land in der nachfolgenden Saison anbaute, einen süßeren und komplexeren Geschmack hatten. (Eine Deckpflanze ist eine Kulturfrucht, die nur angepflanzt wird, um dem betreffenden Ackerland zu nutzen, und sie wird für gewöhnlich direkt wieder in den Boden gepflügt, um ihm extra viele Nährstoffe zu geben.) Dies war nicht nur sein Eindruck, sondern eine Verbesserung, die in Grad Brix gemessen werden konnte. (Grad Brix misst den Zuckerwert in Flüssigkeiten. Ein Grad Brix = 1 Gramm Saccharose in 100 Gramm Flüssigkeit). Eine Möhre zum Beispiel, die zuvor einen Wert von 8 Grad Brix hatte, wies nun einen Wert von 12 Grad auf. Das Gemüse war nicht nur süßer, sondern es konnte auch länger aufbewahrt werden. Seine Arbeit wurde Gegenstand einer immer noch laufenden Studie in Kanada.

GEBEN SIE IHREM BODEN KOMPOSTTEE

Obwohl der wissenschaftliche Hintergrund zu selbst gemachten Komposttee nicht ganz überzeugt, brauen viele Gärtner diese Mischung und verwenden sie für ihren Boden. Haben Sie bereits qualitativ hochwertigen, vollständig zersetzten Kompost, ist es ganz einfach, eigenen Komposttee herzustellen. Sie benötigen lediglich eine Schaufel Kompost, zwei große Plastikeimer und ein großes Tuch, zum Beispiel Mull (ein altes T-Shirt geht auch), um Ihren Tee abzuseihen.

1. Geben Sie den Kompost in einen der Eimer, so dass dieser zu einem Drittel gefüllt ist.

2. Gießen Sie Wasser – idealerweise aus der Regentonne – bis zum Rand des Eimers hinzu.

3. Lassen Sie die Mischung vier Tage lang ziehen. Rühren Sie täglich gründlich um.

4. Seihen Sie die Mischung durch das Tuch in den zweiten Eimer ab.

5. Vor der Verwendung verdünnen Sie die abgeseihte Masse mit mehr Wasser (sie sollte den Farbton dünnen Tees haben, das Mischungsverhältnis sollte daher ungefähr 1:10 sein – 1 Teil Tee auf 10 Teile Wasser).

Sie können den Tee sofort anwenden, indem Sie damit den Boden um die Wurzeln der Pflanzen wässern.

Kann Erdboden hergestellt werden?

Die klassische Art, Erde herzustellen, dauert Tausende von Jahren. Das Rezept dafür beinhaltet viele, viele Jahre der Verwitterung des Ausgangsmaterials: Lehm, Kies, Felsen oder Sand – gefolgt von der zunehmenden Anhäufung organischen Materials und dazugehörige Bodenorganismen, um den Prozess zu vollenden. Jedoch übersteigt die Nachfrage nach gutem Boden bei Weitem das Angebot. Kann Boden also hergestellt werden, um den Bedarf zu decken?

Wie kann man Erde herstellen?

Typischerweise besteht künstlicher Boden aus einem Mineral, das sich auf eine ausreichende Körnchengröße reduziert. Lehm wird zur Verbindung des „Bodens“ und zur Speicherung seiner Nährstoffe hinzugefügt. Lehm ist wichtig: Seine winzige Partikelgröße mit der tellerförmigen Struktur unterstützt effizient die Rückhaltung des Wassers und der Nährstoffe sowie deren Freisetzung, wenn die Pflanze sie braucht. Als Nächstes kommt die Beimengung von Sand und grobem Kies, um sicherzustellen, dass der Boden problemlos Wasser ableitet und genug Luft speichert.

Letztendlich wird organisches Material, häufig verdichteter Stadtmüll, sowohl billig als auch nährstoffreich, hinzugefügt, der Säuregehalt des Bodens angepasst und gegebenenfalls Dünger hinzugegeben. Ergebnis: ganz neuer Boden, ohne lange warten zu müssen.

Lehm

A

Obwohl Erdboden künstlich hergestellt werden kann, ist er natürlichem Erdboden vielfach unterlegen. Trotzdem ist künstlicher für verschiedene Verwendungszwecke günstiger und effektiver als natürlicher und erzielt zumindest annehmbare Ergebnisse.

ALT-NEUER ERDBODEN: EINE TRADITIONELLE METHODE

Bisher wurde Erdboden durch kontrolliertes Fluten („Schlammen“) geschaffen. Umschlossene, niedrig gelegene Küstenmarschen werden mit Schlammwasser geflutet, wenn die Flüsse Hochwasser führen. Schlick bildet sich in den überfluteten Flächen; der daraus entstehende Boden ist extrem fruchtbar. Die hervorragenden Ergebnisse hierbei rechtfertigen die hohen Kosten.

Gibt es Erdboden unter dem Meer?

ECHTER BODEN KANN NUR HERGESTELLT WERDEN, wenn viel Sauerstoff, Süßwasser und spezifische lebende Organismen vorhanden sind, die die Struktur des Bodens unterstützen. Salzwasser fördert ganz andere Organismen und biologische Prozesse als Süßwasser, und Sauerstoff ist im Meer sehr begrenzt. Das Meer bietet jedoch jede Menge Schlamm und Sand.

Das Meer kann keine Erde produzieren. Jedoch kann aus vom Meer zurückgewonnenem Land ertragreiches Ackerland gemacht werden. In einigen Ländern, wie zum Beispiel den Niederlanden, ist diese Rückgewinnung schon sehr weit fortgeschritten.

Vom Meer zum Boden in 20 Jahren

Es ist teuer, Land vom Meer zurückzugewinnen, aber es liefert gute Ergebnisse. Der Prozess, vom Beginn bis zum Ende, dauert ungefähr 20 Jahre.

Zunächst wird das zurückzugewinnende Land durch angehobene Ufer umschlossen. Dann wird das Salzwasser herausgepumpt, so dass gerade genug Wasser übrig bleibt, damit ein Schwimmbagger ein Netz aus Abwasserkanälen ausheben kann.

Danach wird das restliche Wasser ausgepumpt, so dass eine Fläche freigelegten Schlamms unter einer dünnen Schicht Wasser zurückbleibt, was als Marsch bezeichnet wird. Hier kann Unkraut hervorragend gedeihen, und Regen spült das Salz aus dem Schlamm. Das Wasser wird regelmäßig aus der Marsch herausgepumpt, bis der Salzgehalt so weit gesunken ist, dass Röhricht angepflanzt werden kann. Dessen Samen werden aus einem kleinen, die Marsch überfliegenden Flugzeug geworfen. Die Wurzeln des ausgebildeten Röhrichts füllen die Schlamm-Sand-Mischung, und der Salzgehalt fällt weiter. Nach ungefähr drei Jahren wird das Röhricht in Brand gesetzt, und seine Asche düngt den sich entwickelnden Boden. Schließlich werden die Reste des Röhrichts in den Boden gepflügt und Kalziumsulfat in der Form von Gips hinzugefügt. Der Gips senkt den Salzgehalt weiter und fördert Klumpenbildung in dem neuen Boden, was als Ausflockung bezeichnet wird. So wird der Boden aufnahmefähiger, zugänglicher für Wurzeln, Luft und Regen. Ab diesem Zeitpunkt wird er einige Kulturpflanzen tragen können, und nach weiteren 15 Jahren wird er vollständig fruchtbares Ackerland sein.

Wie lange dauert es, bis sich Kompost in Erde verwandelt?

WENN SIE STOLZER BESITZER EINES KOMPOSTHAUFENS ODER -BEHÄLTERS SIND, werden Sie das folgende Sprichwort kennen: „Das Gras wächst nicht schneller, wenn man daran zieht", das auch für den effizientesten Komposter gilt. Einige Zutaten, die perfekt auf den Komposthaufen gehören, scheinen ewig zu brauchen, bis sie verwesen. Wie lange müssen Sie also voraussichtlich warten, bis Sie das schwarze Gold in Ihr Gemüsebeet harken können?

Das perfekte Gleichgewicht

Das Materialgemisch ist wichtig für die Kompostiergeschwindigkeit: beispielsweise das Verhältnis von grünem Blattwerk zu trockenerem, strohähnlichem Material. Überwiegt stickstoffreiches, grünes Material, wie zum Beispiel Rasenschnitt, kann das Gemisch zu einem nassen Matsch werden, der wenig Luft enthält, so dass es tatsächlich sehr lange dauern wird, bis das Material verrottet. Ist das Gemisch jedoch zu trocken wie bei strohähnlichem Material, enthält es nicht genug Stickstoff, um die Mikroorganismen zu ernähren, die die holzigen Teile der Stiele oder Stämme abbauen. Es beginnt zu schimmeln, und auch dann wird es sehr langsam verwesen.

▼ Kompostierung ist beinahe wie Magie: Unappetitliche Abfälle verwandeln sich in wenigen Monaten in den besten erhältlichen Bodenverbesserer.

Die schnellsten Erfolge können mit einem Verhältnis von ungefähr 30 % grünem Material zu 70 % strohähnlichem Material erreicht werden, wobei ungefähr 10 % mehr oder weniger bei beiden Werten keinen großen Zeitunterschied ausmachen.

Bei warmem Wetter kann der „fertige" Kompost in 8 bis 10 Wochen verwendbar sein, wenn der Kompostbehälter in einem Rutsch mit einem geeigneten Gemisch gefüllt wird, oder auch in gerade mal sechs Wochen, wenn der Behälter geleert, der Kompost vermischt und nach drei Wochen wieder in den Behälter eingefüllt wird. Beim Befüllen des Behälters wird für gewöhnlich etwas Abfall hineingegeben. Der Prozess wird ungefähr 12 Wochen dauern, von dem Moment an, ab dem der Behälter voll ist: Kleine Mengen Abfall erzeugen weniger Hitze. In einem kalten Winter dauert der Prozess jedoch mindestens vier Monate.

Natürlich füllen pragmatische Gärtner ihre Kompostbehälter mit allem, was sie haben und vergessen sie für ungefähr ein Jahr. Und ihre Ungezwungenheit wird mit sehr gutem Kompost ohne Sorgen oder Ärger belohnt.

KÜCHENABFÄLLE ALS NAHRUNG FÜR DEN GARTEN

Viele Arten von Küchenabfällen sind gut für den Kompost: Obst- und Gemüseschalen sind ein Grundnahrungsmittel, obwohl einige nur in Maßen beigefügt werden sollten, wohingegen einige, wie z. B. Eierschalen, ziemlich lange brauchen, bis sie verrotten.

- Kaffeesatz und Teebeutel, dünne Pappe und Zeitungspapier sind gute Ergänzungen.
- Zitronenschale wurde lange für zu sauer für Würmer gehalten. Tatsächlich verrottet Zitronenschale jedoch, wenn sie in winzigen Stückchen beigefügt wird.
- Geben Sie kein erkranktes Pflanzenmaterial dem Kompost hinzu; verbrennen Sie es stattdessen.

A

Der Grad, bei dem Material verwest, hängt zu einem gewissen Maß von der Jahreszeit ab, aber es gibt viele andere Faktoren, die die Abläufe im Kompostbehälter beschleunigen oder verlangsamen.

Welches Tier macht den besten Mist?

IST MIST VON EINEM PFERD BESSER ALS DER VON EINER KUH? Sind die Hinterlassenschaften von Hühnern besser als die von Enten? Viele verschiedene Tiere sind potenzielle Quellen für Gartenmist, aber gibt es ein Nonplusultra?

Es gibt drei Arten von Stallmist. Der erste stammt von Geflügel: Hühner, Enten oder Tauben. Der zweite ist von Kühen, Schafen, Pferden, Eseln und Exoten, wie zum Beispiel Lamas oder Alpakas. Die dritte Düngerart kommt von Schweinen. Jede hat ihre Vor- und Nachteile.

Sachdienlich

Geflügelmist ist reich an Nährstoffen und funktioniert sehr schnell. Optimalerweise wird er den Kulturpflanzen in kleinen Mengen im Frühjahr beigegeben. Wenn Sie zu viel davon verwenden, kann er üppigen Blattwuchs zum Nachteil der künftigen Blumen verursachen. Kommt es zu einem wahrhaftigen Überschuss, kann diese Mistart die Pflanzenwurzeln beschädigen und den Boden verschmutzen. Geflügelmist wirkt am besten, wenn er vor der Verwendung mit viel Stroh, zusammengeharktem Herbstlaub oder anderem trockenen Material kompostiert wird. Der Mist von den Tieren in der zweiten Gruppe – Kühe, Pferde und so weiter – hat eine ganz ähnliche Beschaffenheit: nährstoffarm, aber viel organisches Material.

Kuhmist verbessert den Boden, hat dienliche Nährstoffe und ist weitläufig und günstig in ländlichen Gebieten verfügbar.

SPARE IN DER ZEIT, SO HAST DU IN DER NOT?

Und was ist mit menschlichem Mist? An einem bestimmten Punkt in der Diskussion darum, was am besten im Garten funktioniert, kommt unvermeid-lich die Frage nach menschlichem Abfall auf und beinahe vorsehbar wird die Tatsache zitiert, dass in China seit Generationen „Abortmist" bei Kulturpflanzen mit eindrucksvoll fruchtbarer Wirkung verwendet wird. Viele kühne Umweltfreunde und Kleinbauern begeistern sich auch für die Philosophie „Spare in der Zeit, so hast du in der Not". Aber dies gehört zu den Dingen, die man lieber nicht zu Hause ausprobieren sollte. Obwohl es Anlagen gibt, die menschliche Exkremente kompostieren und weiterverarbeiten, gibt es noch jede Menge ungelöster Hygienefragen, die dies zu einem suboptimalen Experiment machen. Wenn Sie die Quelle Ihres Gartenmists variieren wollen, ziehen Sie die Anschaffung eines Lamas in Betracht.

Auch dieser Mist sollte vor der Anwendung kompostiert werden. Insbesondere Pferdemist enthält Streu mit Holzspänen, die lange Zeit benötigen, um im Boden zu verwesen und die den Stickstoff des Mists anreichern, bis er verrottet ist. Andere Tiere werden für gewöhnlich mit Streu versorgt, das sehr schnell verwest, so dass ihr Mist gegebenenfalls ohne die Kompostierphase verwendet werden kann. Man kann problemlos große Mengen davon zwischen Herbst und Frühling verwenden, und er gibt dem Boden wertvolle Impulse durch organisches Material.
Die letzte Sorte ist Schweinemist. Schweine produzieren nicht so viel konzentrierte Nährstoffe wie Geflügel, aber die meisten Schweine werden mit Getreide und Sojabohnen gefüttert. Dies bedeutet, dass ihr Mist konzentrierter ist als der von grasenden Tieren, wie beispielsweise Kühen oder Pferden, denen hauptsächlich Heu oder Silofutter gegeben wird.
Auch Schweinemist ist qualitativ hochwertiger, wenn es vor der Anwendung kompostiert und nicht frisch verwendet wird. Er bietet Nährstoffe und organisches Material in einem ausgewogenen Verhältnis.

Wieso wachsen manche Wurzeln überirdisch?

SIE HABEN SIE WAHRSCHEINLICH SCHON EINMAL AM FUSS VON BÄUMEN GESEHEN: bucklige Pilze, die ein gutes Stück über dem Boden wachsen. Die meisten Baumwurzeln wachsen auf jeden Fall ganz in der Nähe der Oberfläche, einige, wie zum Beispiel die der Birke (Betula) oder Kirsche (Prunus), unmittelbar. Die Verlagerung von unter zu über der Erde ist aber ein langsamer Prozess, der viele Jahre dauern kann.

Wurzeln schwellen an, wachsen über Jahre und können manchmal über der Erde auftauchen, wenn die Bodenhöhe um sie herum aufgrund von Verdichtung, Senkung oder Erosion abnimmt. Noch merkwürdiger sind jene Arten, die Luftwurzeln entwickelt haben, zum Beispiel die Rote Mangrove (Rhizophora mangle), die an tropischen Küsten im Schlamm wächst und sich auf stelzenähnlichen Beinen darüber erhebt. Ein anderer Sumpfbewohner, die Echte Sumpfzypresse (Taxodium distichum), bringt über dem Wasser „Ellbogen“ von seinen Wurzeln aus hervor, so dass diese atmen können.

Würgebäume

Die merkwürdigste Pflanze ist die Banyan-Feige (Ficus benghalensis), ein Mitglied der Feigenbaumfamilie. Ihr Leben beginnt hoch über dem Boden als Epiphyt: eine direkt auf einem Wirtsbaum wachsende Pflanze. Während ihres Wachstums sendet sie lange Luftwurzeln um den Stamm ihres Wirts herab. Diese gedeihen und ähneln Säulen, die schließlich miteinander verschmelzen und einen geriffelten „Stamm“ für den neuen Baum bilden. Während dieses Prozesses erdrückt sie stetig ihren Wirtsbaum. Obwohl der „Stamm“ aus Wurzeln besteht, schickt der „Trieb“ des Baums hoch oben im Himmel weiter Wurzeln herab zum Boden, bis sie zunächst einen Klumpen und letztendlich einen Hain bilden. So muss die Banyan-Feige ihr Leben nicht im Schatten größerer Bäume oder in Konkurrenz zu anderen aufstrebenden Pflanzen in Bodennähe beginnen. Nicht umsonst trägt sie den Spitznamen „Würgefeige“.

Es gibt eine Anzahl von Gründen, wieso Baumwurzeln aus dem Boden herausragen. Manchmal steigt der Grundwasserspiegel nahe der Oberfläche an, so dass die Wurzeln nach oben wachsen. In anderen Fällen verdichtet sich der Boden so stark, dass die Wurzeln sich nicht nach unten ausbilden können. Einige wenige Bäume haben Luftwurzeln hervorgebracht.

Wird es irgendwann keinen Erdboden mehr geben?

ERDBODEN WIRD fälschlicherweise für eine endlos erneuerbare Ressource gehalten. Die Böden jedoch, die in der Landwirtschaft genutzt werden, sind über eine sehr lange Zeit unter natürlichen Ökosystemen entstanden. Wird Boden für eine landwirtschaftliche Verwendung „domestiziert“, werden die wilden Tiere und Pflanzen, die bei dessen Bildung eine Rolle gespielt haben, durch vereinfachte, landwirtschaftliche Systeme ersetzt, die den Boden zerstören.

Können Landwirte von Gärtnern lernen?

Während Landwirtschaft dahin gehend verschrien ist, den Boden auszulaugen, was schließlich zu rückläufigen Ernten führt, kann „begärtnertes“, für den Anbau von Gemüse genutztes Land hoch in Bezug auf die Bodenqualität punkten, also belüfteter Boden mit jeder Menge organischem Material und Nährstoffen. Es gibt wohl drei Hauptgründe für die Nachhaltigkeit dieser Gartenböden: die freigiebige Verwendung von organischem Kompost und Mist zur Aufrechterhaltung des Grades des organischen Materials, die breite Palette an Kulturpflanzen, die in ihnen wachsen, und die Tatsache, dass der Boden sich nicht verdichtet, wenn er im nassen Zustand oder mit schweren Nutzfahrzeugen bearbeitet wurde.

Fazit: Der Boden wird uns nicht ausgehen, aber wir müssen achtsam sein und intensive Anbaumethoden durch sanftere, nachhaltige ersetzen.

Bodenschäden und Erosion sind große, global auftretende Probleme, sogar in nicht dürre- oder krisengefährdeten Gebieten. Neuesten Forschungen zufolge sind sogar in Großbritannien auf intensiv bewirtschafteten Böden nur noch 100 Ernten möglich, wenn nicht die Bewirtschaftungsmethoden geändert werden.

Durch Pflügen wird Unkraut in Schach gehalten, aber es schädigt die Böden langfristig, wenn nicht deren Gesundheit wiederhergestellt wird.

Blut, Fisch und Knochen: wessen Blut, was für Fisch und wessen Knochen?

„Blut, Fisch und Knochen" ist der gebräuchliche und eher wortwörtliche Name für eine natürliche Düngerzusammenstellung, die als Universaldünger verwendet wird. Dieses Prinzip stützt sich auf langsam freisetzende Nährstoffe, Kosteneffizienz, Verträglichkeit seitens der Pflanzen und langfristigen Nutzen für den Boden. Aber woraus besteht nun dieser Dünger?

Vegetarier und zimperliche Zeitgenossen sollten jetzt nicht weiterlesen. Dünger aus Blut, Fisch und Knochen enthält genau das, was auf der Dose steht: Es besteht aus den Abfallprodukten der Nahrungsmittelindustrie: Hufe, Hörner, Knochen und Blut, nachdem die für Menschen essbaren Teile verarbeitet worden sind.

Die Phosphorfreisetzung aus gemahlenen Knochen erfolgt nur langsam. Mit der Produktion von Knochenkohle (Biokohle) kann vielleicht die Freisetzung von Nährstoffen beschleunigt werden.

Spare in der Zeit, so hast du in der Not

Lebensmittelherstellung beinhaltet die Verarbeitung großer Mengen Fisch sowie einer großen Anzahl Kühe, Schweine, Schafe und Hühner. Nach Heraustrennen der hochwertigen Stücke und Aussortieren der weniger ansprechenden, formlosen und eher fragwürdigen Teile für Produkte wie billige Würstchen und Burger, auch unter dem Namen Separatorenfleisch bekannt, wird das verbleibende, nicht essbare Material für die Düngerherstellung verwendet.

Der Nährstoffhaushalt in den verschiedenen Bestandteilen dieses Düngers variiert: Fischmehl beispielsweise kann 10 % Stickstoff, 6 % Phosphor und 2 % Kalium enthalten, während Hufe und Hörner hauptsächlich aus Keratin bestehen, einem stickstoffreichen Faserprotein, das sich langsam im Boden auflöst. Auch Blut ist stickstoffreich, setzt aber vergleichsweise rasch Nährstoffe frei. Knochen enthalten vor allem Phosphor und werden als Bestandteil von Dünger fein gemahlen. Obwohl sie chemisch hergestellt werden, sind anorganische Dünger

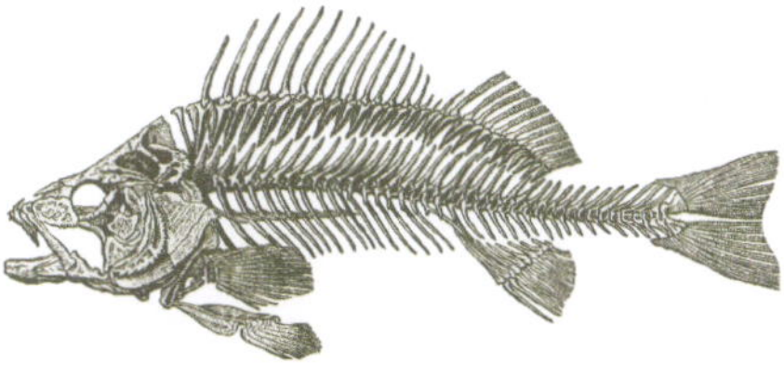

billiger und wirken schneller auf die mit ihnen behandelten Pflanzen. Dünger aus Blut, Fisch und Knochen wird nur langsam von den Mikroorganismen im Boden zersetzt. Seine Nährstoffe werden stetig über die Jahreszeit während der zunehmenden Bodenerwärmung freigesetzt. Die Zerfallsgeschwindigkeit hängt von der Bodentemperatur ab, die wiederum der Wachstumsrate einer Pflanze entspricht. Je wärmer der Boden, desto schneller wächst die Pflanze – und desto mehr Nährstoffe werden von dem Dünger aus Blut, Fisch und Knochen freigesetzt.

DIE MAGISCHEN DREI

Die drei Hauptnährstoffe in den meisten Düngersorten sind Stickstoff, Phosphor und Kalium. Sie werden oft auf der Verpackung des Düngers mit ihren chemischen Abkürzungen angegeben: N für Stickstoff, P für Phosphor und K für Kalium. Das Etikett auf jeder Düngerverpackung führt die Konzentration eines jeden enthaltenen Nährstoffs auf.

Stickstoff fördert das Pflanzenwachstum und verleiht den Blättern ihre charakteristische, gesunde, dunkelgrüne Farbe.

Phosphor begünstigt eine gesunde Wurzelentwicklung und unterstützt die Reifung der Samen und Früchte.

Kalium lässt die Pflanzen Blüten und Früchte produzieren und fördert die Widerstandskraft der Pflanzen gegenüber Frostschäden und Pilzerkrankungen.

Wie viele große Tiere leben im Boden?

ABGESEHEN VON DEN SPITZENRAUBTIEREN (einschließlich Menschen) führen Tiere ein gehetztes Leben. Wenn sie nicht sehr schnell rennen oder sehr hoch klettern können, müssen sie sich verstecken können, wenn Gefahr droht. Viele Tiere auf der ganzen Welt graben sich einen Unterschlupf im Erdboden: Bären harren dort den Winter über aus, Wölfe oder Wiesel bauen sich Höhlen für die Fortpflanzungszeit und schutzlose Tiere wie Mäuse, Maulwürfe und Ratten nutzen dauerhafte Standorte, um von dort aus Nahrung und einen Partner zu suchen.

Je größer das Tier ist, umso mehr muss es sich einen Platz aus der Erde herausgraben. Egal ob über- oder unterirdisch, benötigen größere Tiere mehr Raum als kleine, so dass ihre Population dünner verteilt ist. Vergleichen Sie einen einzigen Bären, der in einem 1.000 Quadratkilometer großen Gebiet in Finnland lebt, mit den Millionen Mikrotierchen in jedem Quadratmeter Erde.

Es leben mehr große Tiere im Erdboden, als Sie vielleicht annehmen, groß zumindest im Vergleich zu Regenwürmern. Generell gilt: Je größer das Tier, desto seltener kommt es vor und desto seltener werden Sie es pro Quadratkilometer in seinem Territorium vorfinden.

Kleine Säugetiere haben mehr Nachkommen – über 24 Millionen Kaninchen leben schätzungsweise in England, also ungefähr 465 Kaninchen pro Hektar. Die Kaninchenpopulationen sind natürlich gruppiert, so dass sie in einigen Gebieten gehäufter auftreten als in anderen. Kleinere Tiere verteilen sich gleichmäßiger.

Braunbär
(*Ursus arctos*)

Das in Großbritannien am häufigsten vorkommende Säugetier ist die Erdmaus mit einer geschätzten Population von ungefähr 75 Millionen. Ziemlich weit abgeschlagen ist die Feldmaus mit einer Population von 38 Millionen. Jedoch steigen und sinken die Populationen aller dieser kleineren Tiere in Abhängigkeit von verfügbarer Nahrungsversorgung, und sind natürlich selbst wiederum Nahrung für die Raubtiere, die etwas höher auf der Nahrungskette stehen, wie beispielsweise Habicht, Eule und Wiesel.

Wildkaninchen
(Oryctolagus cuniculus)

WIE TIEF KÖNNEN SIE GEHEN?

Kaninchenbauten sind selten tief, da Erdboden schwer zu bewegen ist, und sogar Winterschläfer benötigen Sauerstoff zum Atmen. Deshalb bleiben die meisten Tiere vergleichsweise nah an der Erdoberfläche. In nassen Klimazonen kann im Winter das Grundwasser auch so hoch ansteigen, dass Unterschlupfe geflutet werden können. Maulwürfe nehmen die Idee des unterirdischen Lebens besonders ernst, verspeisen Würmer und verlassen nur selten ihren Bau. Die Erdmaus jedoch lebt in sehr flachen Gängen nahe der Erdoberfläche und taucht nur kurz auf, um an Pflanzentrieben zu naschen. Auch Ratten nutzen flache Gänge, und in extremer Gefahr graben sie sich selbst an die Erdoberfläche und flitzen davon.

Europäischer Maulwurf
(Talpa europaea)

Kapitel 4

Wetter, Klima und die Jahreszeiten

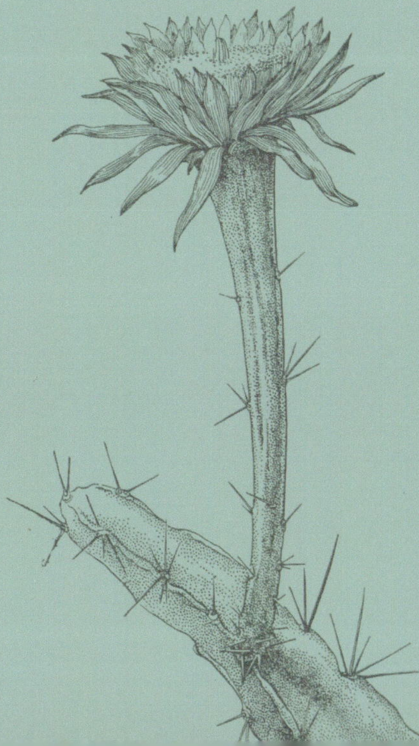

F

Stimmt es, dass man Pflanzen nicht gießen sollte, wenn die Sonne scheint?

VIELE GÄRTNERMYTHEN ranken sich um die beste Zeit des Gießens – und oft hört man, dass man nicht bei praller Sonne gießen sollte. Ist dies wirklich wissenschaftlich fundiert? Spielt es für die Pflanzen eine Rolle, wann Sie sie gießen, solange Sie genug Wasser geben, um sie bei Laune zu halten?

A

In vergangenen Zeiten glaubte man, dass Wassertropfen auf Pflanzenblättern wie eine Lupe wirken und dass sich Sonnenlicht auf Stellen der Blattoberfläche sammelt und Verbrennungen hinterlässt. Kürzlich erfolgte Untersuchungen bezweifeln dies: Die Optische Physik unterstützt nicht diese Theorie.

Guter Zeitpunkt

Gewiss lässt Wasser auf weichen Blättern im prallen Sonnenlicht sie nicht leiden. Sehr haarige Blätter könnten einem viel größeren Risiko ausgesetzt sein: Theoretisch zumindest könnten die Wassertropfen weit genug weg von der Blattoberfläche von den Haaren gehalten werden, um die Konzentration von Licht auf der Oberfläche zu ermöglichen und eventuell Verbrennungen zu verursachen.

Auch wenn es jedoch für gewöhnlich nicht Blätter versengt, gibt es ein anderes Argument, das gegen das Wässern in praller Sonne spricht: Wasserverschwendung. Bis zu 18 % des Wassers können verdunsten, wenn Tropfen aus dem Sprinkler durch die Luft fliegen. Gießen in der Nacht dagegen kann, obwohl es wirtschaftlicher ist, andere Probleme verursachen: Bei mildem Wetter können eine höhere Feuchtigkeit und nasse, bei niedrigen Temperaturen abgeworfene Blätter zu bakteriellen oder Pilzinfektionen bei Pflanzen führen. Die meisten erfahrenen Gärtner empfehlen, kurz vor der Morgendämmerung zu gießen. Ist dies für Sie zu früh, um den Schlauch oder die Gießkanne herauszuholen, kann ein Bewässerungsventil mit Zeitschaltuhr das Problem lösen.

Ort des Gießens

Idealerweise sollte das Wasser in den Boden geleitet und nicht auf die Blätter der Pflanzen gegeben werden. Tröpfchen- beziehungsweise Sickerwasserbewässerung, die beide Feuchtigkeit über dem Boden oder sogar auch unter dem Boden abgeben, verschwenden auch bei Verwendung in praller Sonne die Mindestmenge an Wasser. Die Nässung der Wurzelzone ist auch der effektivste Weg, um Pflanzen abkühlen zu lassen.

ANZEICHEN FÜR WASSERMANGEL

Leidet eine Pflanze so sehr an Wassermangel, dass sie welkt oder glanzlose, graue Blätter aufweist, ist der Schaden schon da: Das Wachstum der Pflanzen ist zum Stillstand gekommen, sie ist anfälliger für Schädlinge und Krankheiten geworden, und manchmal hat sie für ihren Reproduktionszyklus wesentliche Teile unterbrochen, wie zum Beispiel das Abwerfen von Samen.
Um dies zu vermeiden, müssen Sie gewissenhaft die Erde überprüfen, vor allem dann, wenn Pflanzen in Töpfen gehalten werden. Erde sieht manchmal feucht aus, ist es aber nicht, und umgekehrt: Lehmböden zum Beispiel können nass erscheinen, aber die Tonpartikel sind so winzig und das Wasser ist so eng in ihnen eingeschlossen, dass es für Pflanzenwurzeln unerreichbar ist. Daher muss Lehm gegossen werden, bevor er Anzeichen der Austrocknung zeigt. Andererseits kann Sandboden trocken aussehen, aber wenn Sie eine Handvoll davon nehmen, werden Sie ihn noch immer feucht finden. Obwohl er nicht viel Wasser enthält, ist diese Menge für die Wurzeln aber verfügbar. Sandboden müssen Sie nur wässern, wenn er sich trocken anfühlt.

Werden Wurzeln durch Frost beschädigt?

DIE WURZELN ZARTER PFLANZEN, wie zum Beispiel Tomaten oder Dahlien, sterben normalerweise bei Frost direkt ab, aber viele winterharte Pflanzen können trotz eingefrorener Wurzeln überleben. Auch in Gebieten mit gemäßigtem Klima kann der Boden gelegentlich bis zu einer Tiefe von 20 bis 30 Zentimetern gefrieren. In kalten Gebieten, wie im Mittleren Westen der USA, kann der Frost sogar bis 120 Zentimeter reichen.

Zulegen im Frühling

Wurzeln benötigen mehr Zeit, um sich an die Kälte anzupassen und erfahren nie eine vollständige Ruhephase. Der Prozess, sich an die Kälte zu gewöhnen, erfolgt stufenweise, da die Wurzeln zu Beginn des Winters auf Frost- und Tauzyklen reagieren. Diese Winterhärte kehrt sich dann im Frühjahr um. Setzt Tauwetter ein, ist es wichtig, dass die Wurzeln der Pflanzen aktiv werden können, da der Boden zu Beginn des Frühlings einen Schwall an Nährstoffen zur Verfügung stellt und geradezu darauf wartet, dass die Pflanzen sie aufnehmen und nutzen.

Wenn der Winter sich einstellt und die Temperaturen sinken, treten die überirdischen Teile der mehrjährigen Pflanzen und Bäume in eine Ruhephase ein und sind nicht mehr Frostschäden ausgesetzt. Unter der Erde sieht es jedoch anders aus.

Ältere Eichen (Quercus) verlieren ihre Blätter im Winter; jüngere Exemplare behalten immerhin einen Teil davon.

WARMHALTEN VON TOPFPFLANZEN

Es überrascht nicht, dass topfgewachsene Pflanzen besonders anfällig für gefrorene Wurzeln sind. Umgibt kalte Luft den Topf, erreicht der Boden im Topf viel niedrigere Temperaturen als die Wurzelzonen der Pflanzen im offenen Gelände, und bei sehr kalter Luft kann der ganze Wurzelballen festfrieren. Von dort gibt es kein Zurück, daher ist es wichtig, bei niedrigen Temperaturen den Töpfen extra Schutz zu geben, indem man sie in Luftpolsterfolie oder Verfrühungsvlies einwickelt oder in ein Gefäß mit Rindenschnitzeln stellt.

Insbesondere die Wurzeln immergrüner Bäume müssen schnell im Frühjahr in Gang kommen. Immergrüne Pflanzen behalten ihr Laub, das durch windiges Winterwetter austrocknen und beschädigt werden kann. So verlassen sie sich auf ihre Wurzeln, um den ausdörrenden Effekt der kalten Jahreszeit rückgängig zu machen. Diese tun ihnen den Gefallen, sofern sie Wasser aufnehmen. Wenn sie schnell sind, können sie die Ersten sein, die das Wasser in der Erde nutzen, bevor die langsamer in Schwung kommenden Laubbäume nach ihrem Frühjahrsaustrieb um das Wasser wetteifern – die Bezeichnung für den Zeitpunkt, an dem die Blätter von Laubbäumen zu sprießen beginnen.

Wieso verlieren manche Pflanzen im Herbst ihre Blätter, während andere sie behalten?

WÄRE DIE NATUR LOGISCH, wären all Bäume immergrün. Wenn Sie ein Baum wären, würde es irrational erscheinen, das gesamte Laub abzuwerfen, was sehr viel Energie kostet, und dann auch noch jedes Jahr, nur um stärker zu wachsen, wenn der Frühling beginnt. Logisch wäre es, das ganze Laub zu behalten, und dass es groß genug wäre, um so effektiv wie möglich Fotosynthese zu betreiben – je größer das Blatt, desto effizienter scheint es zu sein.

Können Bäume ungehindert wachsen, sind sie eher immergrün, aber mit Blättern, nicht Nadeln. Sie wachsen das ganze Jahr über machen das Beste aus den vorhandenen Bedingungen. In nassen, frostfreien Regionen mit begrenztem Wachstum sind Bäume oft immergrün, und in trockenen, anspruchsvollen Gebieten, im heißen, trockenen Mittelmeerklima etwa, oder in extrem nördlichen Regionen mit im Winter gefrorenen Böden, nutzen Nadeln einem Baum eher: Obwohl sie nicht sehr effektiv Fotosynthese betreiben, sind sie sehr robust. Sind die Bedingungen zu rau für immergrüne Blätter, aber nicht rau genug für Nadelbäume, hat die Natur einen Kompromiss gefunden. Ist die Vegetationsperiode bei immergrünen Bäumen lang genug, um zu wachsen und Blätter abzuwerfen, haben sie es leicht. In Regionen mit einer klar abgegrenzten Winterperiode scheint es im Hinblick auf die Energie für einen Baum günstiger zu sein, dünne, entbehrliche Blätter zu entwickeln, diese zu Beginn des kalten Wetters

A

Die Antwort liegt im Klima und in den Bedingungen, unter denen der Baum wächst. In Regionen mit einem klar abgegrenzten Winter ist es für Bäume energieeffizienter, im Frühjahr neue Blätter zu produzieren und sie im Winter abzuwerfen. Dies ist jedoch keine allgemeingültige Regel, da sommer- und immergrüne Bäume auch auf einer Fläche nebeneinander existieren können.

Immergrüne Magnolie
(Magnolia grandiflora)

DIE BLÄTTER ANBEHALTEN

Junge Eichen (Quercus) und einige andere Arten behalten ihre abgenutzten Blätter den Winter über und werfen sie erst im Frühjahr ab. Dieses Phänomen wird „marcescence" genannt. Es ist nicht völlig klar, inwiefern es dem Baum nutzt, aber es kann sein, dass die im Frühjahr fallenden Blätter dem Baum mehr als „Extra"-Nahrung dienen, wenn sie den Sommer über auf dem Boden verwesen. Während die Bäume reifen, legen sie diese Gewohnheit ab und beginnen ihre Blätter im Herbst wie andere immergrüne Arten abzuwerfen.

abzuwerfen und im nächsten Frühjahr mehr Blätter zu produzieren. Es kommt nicht nur das eine oder das andere vor.

Natürlich gewachsene, unberührte Wälder haben sowohl Nadel- als auch immergrüne Bäume, die sich die Fläche teilen und zu ihren eigenen Regeln leben.

Benötigen Pflanzen weniger Wasser, wenn es feucht ist?

PFLANZEN WERDEN DURCH DAS WASSER in der Luft um sie herum beeinflusst. Wasserverlust in den Blättern durch Transpiration wird ausgeglichen – für gewöhnlich gelangt das Wasser vom nassen Inneren des Blattes in die trockenere Umgebungsluft. Ist jedoch hohe Feuchtigkeit in der Luft, „leckt" weniger Wasser durch die Poren des Blattes.

In den meisten Fällen des Entweder-Oder ist es effektiver, die Wurzeln einer Pflanze zu gießen als sie zu befeuchten. Die Stomata oder Poren in den Blättern einer Pflanze schließen sich, wenn Wasser ausbleibt, sind aber dauerhaft in feuchter Umgebung geöffnet, so dass die Fotosynthese ungehemmt ablaufen und eine optimale Wachstumsrate aufrechterhalten werden kann.
Unglücklicherweise breitet sich Wasserdampf sehr schnell aus, und das Annässen der Böden von Treibhäusern und des Blattwerks bewirkt selten eine Erhöhung der Feuchtigkeit im gewünschten Maße.
Eine Feuchtigkeitskontrolle durch sorgfältige Belüftung und Heizung wird oft in Treibhäusern angewandt. Belüftung ist die beste Kontrolle, da die Außenluft immer feuchter ist als die Atmosphäre in einem geschlossenen Treibhaus. Ist eine Belüftung nicht möglich, da zum Beispiel in Gewächshäusern für tropische Pflanzen durch eine Belüftung die heiße Luft entweichen würde, wird Wasser als Nebel in die Luft gesprüht, vorzugsweise unter Kontrolle eines Feuchtigkeitssensors.

A Je feuchter die Atmosphäre ist, desto weniger Wasser verwendet eine Pflanze. Benetzung der Luft (zum Beispiel in einem Treibhaus) trägt zur Reduzierung der von den Pflanzen benötigten Gießmenge bei, sie kann jedoch auch das Risiko bakterieller oder Pilzinfektionen erhöhen.

▼ Feuchtigkeitskontrolle durch eine sorgsame Belüftung und Heizung wird oft in Treibhäusern benötigt. Belüftung ist die beste Kontrolle, da die Außenluft immer feuchter als die Atmosphäre in einem geschlossenen Treibhaus ist.

ABLEGER NEHMEN

Feuchtigkeit ist sicherlich eine Freundin der Fotosynthese, und Sie können beim Vermehren von Ablegern einen Vorteil daraus ziehen, um sicherzustellen, dass diese erfolgreich „angehen".

- Der Ableger sollte ein Trieb von 8-12 Zentimetern Länge mit einigen Blättern sein.
- Entfernen Sie die unteren Blätter und stellen Sie den Ableger mit der unteren Hälfte in Anzuchterde (vorzugsweise eine Mischung aus Kies und Kokosbast). Da der Ableger keine Wurzeln hat, kann er keinen Nutzen aus Bewässerung ziehen. Stattdessen sollte die gesamte Umgebung feucht gehalten werden, indem entweder die Töpfe mit Plastikdeckeln abgedeckt oder in klare Plastiktüten gehüllt werden.
- Die Ableger sollten hell stehen, jedoch nicht in praller Sonne oder Hitze (andernfalls trocken sie aus). Eine feuchte Umgebung und ein gewisses Maß an Licht stellen eine effektive Fotosynthese und eine rasche Wurzelentwicklung sicher. Dies ist am Wachstum der Blätter und des Stängels zu sehen, so dass sie als „angegangen" bezeichnet und auf herkömmliche Weise gegossen werden können.

Der Nachteil, im Wachstum befindliche Pflanzen in einer sehr feuchten Atmosphäre zu belassen, liegt in ihrer Anfälligkeit für Krankheiten, insbesondere Fäulnis. Entfernen Sie sofort braun werdende Blätter.

Wieso werden Pflanzen bei Stress grau oder blau?

GRAUE ODER BLAUE FARBTÖNE in den Blättern der Pflanzen sind Symptome für Stress. Dies kann verschiedene Gründe haben, unter anderem Dürre oder strenge Kälte oder bei manchen Pflanzen der Mangel an bestimmten Nährstoffen.

Eine chemische Schicht

Chemisch gesehen ist Wachs eine lange Kette aus wasserunlöslichen Kohlenstoffmolekülen, die von der Pflanze beträchtlichen Aufwand durch die Nutzung ihrer gespeicherten Zuckervorräte verlangen. Daher produziert die Pflanze nur dann Wachs, wenn Gefahr droht.

Die Haut des Blattes, auch Kutikula genannt, ist für gewöhnlich etwas wächsern. Bei Dürre oder anderen Stressoren nimmt der Wachsgehalt zu, um Blätter zu schützen. Solch eine verdickte Wachsschicht an betroffenen Blättern kann eine Blau- oder Graufärbung hervorrufen.

NACH NÄHRSTOFFEN HUNGERNDE PFLANZEN

Wird eine Pflanze nicht ausreichend mit Nährstoffen versorgt, kann das eine Färbung mit einem etwas anderen Blauton in den Blättern zur Folge haben. Die Tomatenpflanze beispielsweise verfärbt sich blau, wenn sie einem Mangel an Phosphor ausgesetzt ist.

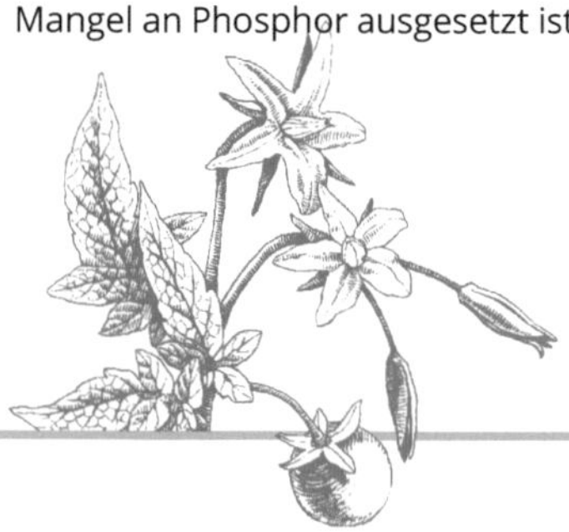

Praktisch gesehen dient das Wachs nicht nur als undurchlässige Barriere für Wasserverlust vom Blatt aus, sondern reflektiert auch Hitze und Licht, um die Pflanze vor Überhitzung zu schützen. Werden die Pflanzen gewässert, wird die Schicht für gewöhnlich schnell dünner.

Die blaugraue Färbung ist eine von vielen Methoden, mit der sich Pflanzen selbst vor Stress schützen. Sie können auch tiefere Wurzeln produzieren, kleinere Blätter hervorbringen oder diese „einrollen“, um ihre Verletzlichkeit zu reduzieren. Bei Trockenheit schließen sich zudem die Blattporen, um der Pflanze bei der Einsparung des vorhandenen Wassers zu helfen.

Kann heiße Erde Pflanzen verbrennen?

BODEN IST EIN HERVORRAGENDER ISOLATOR, daher wird er für gewöhnlich nicht so heiß, dass er die Wurzeln von Pflanzen verbrennt. Bei günstigen Bedingungen und genug Wasser beschatten ihre Blätter durch ihr zusätzliches Wachstum im Sommer den Erdboden um die Wurzeln herum, was wiederum den Boden vor Überhitzung schützt.

Kann der Boden nicht durch Blattwerk beschattet werden, haben Pflanzen oftmals holzige, haarige oder wachsartige Blätter ausgebildet. All diese reflektieren das Licht, anstatt es zu absorbieren, so dass die Pflanze nicht überhitzen kann.

Um Unkraut loszuwerden, greifen Gärtner oft zu Mulchfolie aus Kunststoff, aber diese kann sich auch auf die Bodentemperatur unter der Erdoberfläche auswirken. Weiße Mulchfolie hält den Boden kühl, transparente wärmt den Boden, und schwarze hat nicht nur dieselbe Wirkung, sondern heizt sich selbst sehr auf, was verbrannte Stängel und Blätter zur Folge haben kann. Natürlich ist dies nicht wünschenswert, wenn Sie dauerhaft gesunde Wurzeln (oder lebende Pflanzen) haben wollen, aber eine übermäßige Aufheizung kann bei Sterilisierung des Bodens nützlich sein. Helle Mulchfolie hat in heißen Regionen nachweislich die Temperatur auf und knapp unter der Erdoberfläche auf bis zu 76 °C angehoben, wodurch das Leben unter der Erde abgetötet und der Boden teilweise sterilisiert wird. Dieser Prozess wird Solarisation genannt.

A Sind Pflanzen in dem Klima, in dem sie wachsen, heimisch, können sie normalerweise die dort typischen Temperaturen aushalten. Hitze kann jedoch Samenkeimung beeinflussen – wir sind an den Gedanken gewöhnt, dass Samen nicht keimen, wenn es zu kalt ist, aber auch bei zu hoher Hitze bleibt eine Keimung aus.

▼ Eine zeitweilige Lösung bei heißem Boden während einer Hitzewelle ist natürlicher Mulch wie beispielsweise Rindenmulch. Auch trockenes Gras eignet sich gut, da es die Sonnenstrahlen reflektiert.

Woher wissen Pflanzen, wann sie ihre Blätter verlieren sollen?

SOMMERGRÜNE BÄUME BEHALTEN IHRE BLÄTTER im wärmeren, gemäßigteren Teil des Jahres und werfen sie in der kälteren, ungünstigeren Jahreszeit ab. Wintergrüne Blätter wären theoretisch das effizienteste System, aber „richtige“ wintergrüne Blätter sind anfällig gegenüber Schäden im Winter. Folgerichtig haben die meisten wintergrünen Pflanzen ihr Blattwerk in Nadeln umgewandelt – im Wesentlichen Blätter, die sich dahin gehend entwickelt haben, Wetterschäden und Wasserverlust zu trotzen. Sie sind nicht so effizient wie sommergrüne Blätter und nutzen ihren Mutterpflanzen nur dann, wenn der Boden im Winter zu gefrieren droht, indem sie die Wasseraufnahme unmöglich machen.

Bäume werfen ihre Blätter jedes Jahr ungefähr zur selben Zeit ab. Der Hauptauslöser sind die kürzeren Tageslichtphasen, wenn der Winter sich nähert. Fallende Temperaturen sind ein zusätzlicher Faktor.

Der Nachteil von sommergrün

Sommergrüne Bäume müssen eine Menge Energie investieren, um jedes Frühjahr neue Blätter zu produzieren – und ebenso stoßen sie viel nützliches Material mit ihren alten Blättern im Herbst ab. Sie gewinnen soviel Energie wie möglich zurück, indem sie möglichst viele Nährstoffe in die Hauptbaumstruktur von den Blättern „zurückziehen“, bevor diese herabfallen und um den Fuß des Baumes landen. Auch die alten Blätter verwesen dort und liefern Nahrung für die Wurzeln im Frühjahr.

Der Laubfall bestimmter Bäume erfolgt jedes Jahr zu fast derselben Zeit. Der Auslöser hierfür ist die kürzer werdende Tageslichtdauer oder,

genauer gesagt, die länger werdenden Nächte. Die kritische Periode hängt von der Art ab und wo sie wächst. Typischerweise beginnt Laubfall, wenn die Tage und Nächte sich in ihrer Länge angleichen. Die fallenden Temperaturen sind ein zusätzlicher Faktor (fällt die Temperatur, hört der Baum auf, Chlorophyll zu produzieren), sind aber nur eine Zugabe. Während die Temperaturen von Jahr zu Jahr erheblich schwanken können, bleibt die Tageslänge einheitlich und jedes Jahr gleich.

Wie Laubfall funktioniert

Hell und Dunkel werden von Phytochrompigmenten „erspürt", die in zwei Formen existieren: die eine, die im Licht und die andere, die im Dunkeln hergestellt werden. Verändert sich das Verhältnis zwischen den beiden, stoßen sie Veränderungen in den Pflanzenhormonen an, die die verschiedenen Funktionen eines Baumes steuern. Während die Tage kürzer werden, beginnt der Baum, ein Hormon namens Abscisinsäure zu produzieren, die ein korkartiges „Trenngewebe" an der Basis eines jeden Blattstiels herausbildet. Die Zellen dieser Schicht verhindern den Nährstoff- und Wasserfluss in die Blätter, und durch diese Unterbrechung fallen die Blätter ab.

▼ Ein helles Mikrobild eines Längsschnitts durch einen Berg-Ahorn (Acer pseudo-platanus), hier die Rückseite des Knotens. Die rote Schicht an der Kante der Rückseite ist das Trenngewebe, welches aus Kork und Speichergewebe und Phellogen besteht. Dies ist das erste Stadium des Laubfalls im Herbst.

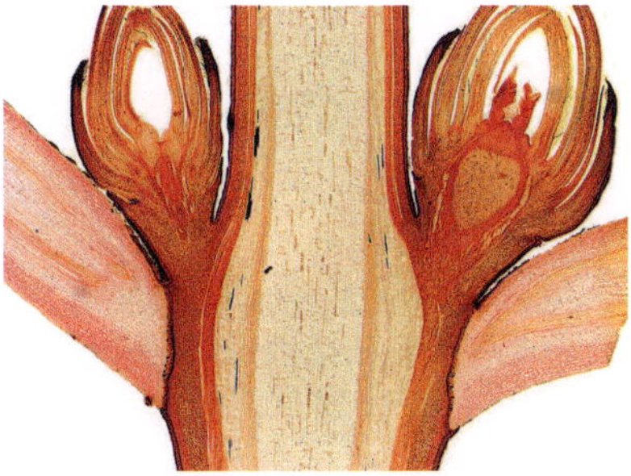

LAUBFALL-EXPERIMENTE

Tests, bei denen sommergrüne Bäume in Wachstumskammern gehalten wurden, wo die Tageslänge und Temperatur genau kontrolliert werden konnte, haben ergeben, dass die Bäume ihre Blätter nicht abwarfen, wenn die Temperatur gesenkt wurde, die Tagesstunden jedoch gleich blieben. Sie stießen aber ihre Blätter ab, wenn die Tageslänge der Länge der Nacht entsprach. Im echten Leben kann manchmal ein ähnlicher Effekt beobachtet werden, wenn nahe an Straßenlampen wachsende Äste von Bäumen grün bleiben und ihre Blätter viel länger behalten als Bäume oder Äste, die sich weiter weg von dem Licht befinden.

Wie lange kann eine Pflanze ohne Wasser überleben?

WIE SIE SICH VORSTELLEN KÖNNEN, hängt die Überlebensdauer einer Pflanze ohne Wasser erheblich von der Pflanze ab. Ein Salatpflänzchen würde ein oder zwei Tage später eingehen, wenn seine Wurzeln austrocknen, während einige Kakteenarten hervorragend wochenlang ohne Wasser auskommen. Eines der extremsten Beispiele ist ein Exemplar des dürreresistenten Kaktus Copiapoa echinoides, welcher in dem superheißen, trockenen Klima der Atacama-Wüste in Chile vorkommt und womöglich die dürreresistenteste Pflanze der Welt ist. Dieses Exemplar soll vier Jahre lang ohne offenkundigen Zugang zu Wasser überlebt haben.

Ein trockenes Leben

Der Oberbegriff für Kakteen und andere Sukkulenten ist Xerophyten. Sie haben sich dahingehend angepasst, tage-, monate- oder sogar jahrelang ohne Wasser auszukommen. Sie haben keine Blätter als solche: Stattdessen haben sie eine dicke, undurchlässige Haut und können auch mit Stacheln oder Haaren bedeckt sein.

Copiapoa
(Copiapoa echinoides)

Ihr Stoffwechsel unterscheidet sich auch von dem „normaler“ Pflanzen. Bei den meisten Pflanzen bleiben die Poren oder Stomata tagsüber offen, so dass Kohlenstoffdioxid eindringt, damit die Pflanze Fotosynthese betreiben kann. Jedoch führen dauerhaft geöffnete Poren zu Wasserverlust. Xerophyten dagegen schließen ihre Poren während der heißen Tagesstunden und öffnen sie in der Nacht, wenn es kühler ist. Da es dunkel ist, können die Pflanzen das

A

Einige Pflanzen haben sich unter trockenen Bedingungen entwickelt und können erstaunlich lange ohne Wasser auskommen, während jene, die mit leichtem Zugang zu Wasser aufgezogen worden sind, schnell der Trockenheit erliegen.

Kohlenstoffdioxid nicht direkt für die Fotosynthese nutzen, stattdessen „regeln" sie es chemisch als organische Säure. Wenn es am nächsten Tag hell wird, wird das Kohlenstoffdioxid freigesetzt, um Fotosynthese zu ermöglichen. Der Fachbegriff für dieses System ist Crassulaceen-Säurestoffwechsel. Es ist nicht sehr effizient, so dass Xerophyten folglich sehr langsam wachsen, aber es bedeutet auch, dass diese Pflanzen Bedingungen aushalten, die andere Pflanzen besiegen würden. Für Gärtner in sehr heißem, trockenem Klima sind Xerophyten auch ein Segen, da so Gärten in Regionen gestaltet werden können, wo ohne sie jede Art von Garten unmöglich wäre.

Echeveria
(Echeveria lurida)

ZIMMERPFLANZEN OHNE WASSER

Sie denken wahrscheinlich, dass durch Blumentöpfe eingeengte Zimmerpflanzen mit beschränktem Platz für die Wurzeln extrem anfällig für Wassermangel sind, denn viele von ihnen, besonders, wenn sie in kleinen Töpfen in der Sonne stehen, benötigen Wasser mindestens jeden Tag oder sogar zweimal am Tag. Es gibt jedoch eine einfache Methode, mit der sie diese Trockenperiode überstehen:
In einer Gruppe in Vollschatten angeordnet und reichlich gegossen, halten die meisten von ihnen einen ungefähr zweiwöchigen Urlaub unbeschadet aus. Durch die angeordneten Töpfe entsteht ein feuchtes Mikroklima, und die schattige Umgebung stellt sicher, dass die Pflanzen nur ein Mindestmaß an Wasser benötigen.

F

Wieso überleben manche Pflanzen den Frost und manche nicht?

EIN PLÖTZLICHER, UNERWARTETER FROST KANN FATAL SEIN. Abhärtung, der Prozess, bei dem sich Pflanzen gegen die kalte Jahreszeit wappnen, kann nur bei allmählich fallenden Temperaturen erfolgen. Dieser Prozess kehrt sich im Frühjahr um, wenn das raue Wetter vorbei ist. Jedoch kann er auch andersherum ablaufen, bei einer milden Phase im Winter, gefolgt von einem strengen Frost: Der daraus resultierende Mangel an Verteidigungsmöglichkeiten kann eine Pflanze ernsthaft schädigen oder sie sogar töten.

Widerstandsfähige Pflanzen haben zwei Taktiken in ihrem Repertoire, um sehr niedrige Temperaturen zu überstehen. Die erste ist die Abhärtung und die zweite wird Unterkühlung genannt.

Funktionsweise der Abhärtung

Abhärtung beinhaltet eine Zunahme an gelösten Zuckerarten und anderen organischen Molekülen in den sich abhärtenden Pflanzenzellen. Dadurch wird der Gefrierpunkt der Zellen gesenkt und die Bildung von Eiskristallen vermieden. Der Prozess funktioniert wie ein Antifrostmittel im Auto und kann Eis bis ungefähr −2 °C abwehren.

Dies ist ein relativ geringer Schutz, so scheint es am wahrscheinlichsten, dass die Funktion der „Antifrost"-Chemikalien auch darin besteht, Grad und Ort des nachfolgenden Erfrierens in der Pflanze zu regulieren, was dann zusammen mit der Unterkühlung abläuft.

Unterkühlung

Pflanzen „unterkühlen", wenn die Temperatur an mehreren aufeinanderfolgenden Tagen bis auf 5 °C sinkt. Dies veranlasst viele widerstandsfähige Pflanzen und Bäume, sich auf strenge Kälte vorzubereiten. Nach dieser Vorbereitung können ihre Zellinhaltsstoffe auf bis zu −40 °C sinken, ohne einzufrieren. Dies liegt daran, dass keine kleinen Partikel oder Bläschen in dem kalten Pflanzensaft enthalten sind,

A

Empfindlichen Pflanzen geht es nicht gut bei einer Temperatur unter 12 °C – ihre Zellreaktionen funktionieren dann nicht mehr. Widerstandsfähige Pflanzen können jedoch, wie ihr Name schon sagt, Frost überleben, vorausgesetzt, dass sie im Vorfeld von den stetig sinkenden Temperaturen „gewarnt" werden.

Weide
(*Salix*)

die als Zellkerne für die Eiskristalle fungieren könnten, welche zur Bildung Zellkerne benötigen. Findet die Abhärtungsphase nicht statt, erfolgt auch keine Unterkühlung.
Aber auch diese Taktiken reichen nicht in sehr kalten arktischen und Alpenregionen aus. Die Birke (Betula) und die Weide (Salix) haben in diesen extremen Situationen einen anderen Prozess, auf den sie sich stützen können: Sie können Wasser aus ihren Zellen entfernen und es zwischen die Zellwände platzieren, wo es ohne Folgen gefriert. Die meisten Pflanzen sterben, wenn sie dehydriert sind, aber in diesem Fall hat die Evolution einen Weg gefunden: Es scheint praktisch keine Grenze bei den niedrigen Temperaturen zu geben, die die dehydrierten Pflanzen überleben können.

EIN ZARTES VERMÄCHTNIS

Empfindliche Pflanzen haben Möglichkeiten, ihre Gene dahingehend zu befähigen, kalte Witterung zu überleben, sogar dann, wenn die Mutterpflanze zugrunde gegangen ist. Tomatenpflanzen zum Beispiel bilden Samen, die im Folgejahr keimen, und Kartoffeln, die ähnlich anfällig für Frost sind, bilden ihre Knollen als unterirdische Speicherorgane aus, die ebenfalls im folgenden Jahr neue Pflanzen hervorbringen. Also auch wenn die Pflanze abstirbt, hat sie für das Weiterleben ihrer Nachkommen gesorgt.

Kartoffel
(*Solanum tuberosum*)

Woher wissen Blumenzwiebeln, wann sie treiben sollen?

BLUMENZWIEBELN ODER GEOPHYTEN, um den botanischen Ausdruck zu benutzen, kommen typischerweise aus Regionen, wo Pflanzen Strategien benötigen, um sich gegen schwierige klimatische Bedingungen zu schützen. Und wo gibt es einen sichereren Ort, an dem man nicht erfriert, verbrennt oder hungrigen Pflanzenfressern zum Opfer fällt als unter der Erde? Gärtner wissen, dass innerhalb gewisser Grenzen Frühlingszwiebeln (und auch Knollen) jedes Jahr zu ungefähr derselben Zeit blühen, so dass hier ein ausgereifter Kontrollmechanismus am Werk sein muss.

Die Temperaturen geben vor, wann die Zwiebeln aus dem Boden hervorkommen, und viele benötigen scheinbar einen Kälteeinbruch, bevor sie zu wachsen beginnen. Die Mechanismen sind noch nicht ganz klar, aber in gewisser Weise haben Zwiebeln sowohl eine „Uhr" als auch ein „Thermometer", die ihnen den Startpunkt für das Wachsen mitteilen.

Im Frühjahr blühende Zwiebelblumen stammen aus Regionen mit sehr heißen Sommern und kalten Wintern: Mittelmeerklima in höheren Lagen, wo Narzissen (Narcissus), Schneeglöckchen (Galanthus) und Alpenveilchen (Cyclamen) herkommen, sowie halbtrockene Regionen mit trockenen Wintern und Sommern, wo Lauch (Allium), Tulpen (Tulipa) und einige Irisarten (Iris) herstammen, sind klassische Beispiele. Glockenblumen

Narzisse (*Narcissus*)

Tulpenzwiebeln

(Hyacinthoides) nutzen die kurze helle Periode zwischen dem Ende des Winters und den vollen Baumkronen.

Ablauf des Blühens

Temperaturen sind der Anstoß für eine Zwiebel. Diese benötigt eine feste Periode kalten, aber nicht frostigen Wetters, idealerweise um die 5 °C, bevor sie ihren Blütenzacken ausbilden kann. Vermutlich ist hier die Menge des Gibberelin und des Auxins verantwortlich, Pflanzenhormone, die das Wachstum der Pflanze stimulieren. Bei Tulpen beginnt die Blütenentwicklung im heißen Boden des Spätsommers, aber das Wachstum setzt erst im folgenden Frühjahr nach einer Kälteperiode ein (fachmännisch ausgedrückt, „befreit" die Kälte die Zwiebel von der Keimungsunterdrückung und stimuliert Wachstum). Einige andere Zwiebelblumen, beispielsweise Lilien (Lilium), beginnen noch nicht einmal mit der Ausbildung ihrer Blüten, bevor ihre Kälteperiode stattgefunden hat (der Fachausdruck hierfür ist Vernalisation). Sie müssen ihre Blüten aus dem Stand heraus entwickeln, was der Grund dafür sein kann, warum dies Blume später als Tulpen blüht. Aber welchem Muster sie auch folgen, ist Kälte ein wichtiger Faktor in der Entwicklung der Zwiebeln.

WINTER- UND SOMMERBLÜHENDE ZWIEBELN

Zwiebeln, die im Winter und Sommer Blüten entwickeln, erfordern keine solchen präzisen Temperaturen. Jonquilla-Narzissen beispielsweise, zu denen auch die beliebte, zarte Weihnachts-Narzisse gehört, die sehr früh im Garten ist, blühen bei milden Temperaturen im Herbst und im Winter, ohne den Anstoß eines Kälteeinbruchs zu benötigen. Und sommerblühende Blumen wie zum Beispiel Freesien (Freesia) und Gladiolen (Gladiolus) blühen einfach, wenn die Pflanze genug Zeit für die Fotosynthese gehabt hat, um ausreichend Ressourcen für die Blüte aufzubringen.

Freesie (Freesia caryophyllacea)

F Was ist Regenschatten?

EIN GEBIET, DAS VOR REGEN durch Hügel oder Berge geschützt wird, welche im Weg vorherrschender regenbringender Winde stehen, wird Regenschatten genannt. In heißen Regionen mit windabhaltenden hohen Bergen kann diese Kombination eine Wüste ergeben. Death Valley, im Regenschatten des Sierra Nevada-Gebirgszugs in Kalifornien, ist ein klassisches Beispiel für diese Art extremen Klimas, wo die durchschnittliche jährliche Regenmenge gerade mal 6 Zentimeter beträgt.

A

Ein Regenschatten ist ein Gebiet, das durch Hügel oder Berge vor Regen geschützt ist. In bestimmten Klimazonen kann ein Regenschatten als hilfreicher Dämpfer dienen. In sehr nassen Gebieten können wärmere, trockenere, durch Regenschatten unterstützte Bedingungen dem Gärtner willkommen sein.

In Großbritannien bietet Wales ein weiteres Beispiel für Regenschatten – und ein viel freundlicheres für den Gartenbau. Entlang seiner westlichen Grenze ist Wales tatsächlich sehr nass, so dass Kamelien, Hortensien, Magnolien und Rhododendren vorzüglich gedeihen. Vielen anderen Pflanzen sagt die nahezu konstante Feuchtigkeit jedoch nicht zu: Snowdonia in Nordwales hat eine durchschnittliche jährliche Regenmenge von nahezu 4,5 Metern, was nur für Enten schön ist. Auf der windgeschützten Seite der Hügel von Wales, im Tal von Evesham, wird das Klima jedoch wärmer und trockener, was der Ciderproduktion sowie dem Obst- und Gemüseanbau zugutekommt.

Was lernen wir daraus? Wenn Sie ein Gärtner sind und neue Pflanzorte suchen, achten Sie nicht nur auf die Ausrichtung des Gartens, sondern auch das vorhandene Mikroklima.

◀ Die Kamelie (Camellia sasanqua) gedeiht in nassen Regionen, jedoch nicht in einem Regenschattengebiet.

Wie viel Wasser braucht ein Baum pro Tag?

WIE ALLE PFLANZEN benötigen Bäume nicht viel Wasser für ihre internen Prozesse. Der aus dem Boden aufgenommene Hauptteil des Wassers wird für die Transpiration verwendet: der Verlust von Wasserdampf durch die Blätter des Baumes, ein wesentlicher Teil der Fotosynthese. Die täglich benötigte Wassermenge eines Baumes hängt von mehreren Faktoren ab.

Ort und Wetter geben vor, wie viel Wasser ein Baum benötigt. Je wärmer, trockener und dynamischer die ihn umgebende Luft ist, desto mehr Wasser braucht er. Ein Baum in einem Wald oder in einem urbanen Umfeld mit Gebäuden nimmt weniger Wasser auf als ein einzelner Baum, der dauerhaftem Wind ausgesetzt ist.

TRINKEN BÄUME MEHR ALS GRAS?

Man könnte denken, dass ein Baum mehr Wasser als ein Rasen benötigt, aber der gesamte, in feuchter Erde wachsende Pflanzenbestand transpiriert tatsächlich genau dieselbe Menge Wasser.

Starke Trinker

Es ist schwierig, etwas Allgemeingültiges zu sagen – die Erfordernisse von Bäumen variieren so stark – aber im Durchschnitt kann ein großer Baum mehr als 450 Liter Wasser an einem einzigen Tag aus der Erde aufnehmen, so dass man wirklich von einem sehr durstigen Organismus sprechen kann. Er benötigt das Meiste dieser Menge für die Transpiration, also die Verdunstung des Wassers durch die Blätter. Sogar in Regionen mit regelmäßigen und starken Regenfällen muss nicht immer ausreichend Wasser in der Erde sein, um eine Versorgung in diesem Maßstab aufrechtzuerhalten. In Wäldern wird der Großteil des Regens weit über dem Boden von dem Blätterdach aufgefangen und verdunstet direkt wieder in der Atmosphäre. Können die Bäume ihr Bedürfnis nach Wasser nicht erfüllen, sind sie in der Lage, ihre Stomata, beziehungsweise Poren, in ihren Blättern zu schließen, um den Transpirationsprozess und somit den Wasserverlust zu verlangsamen.

Wieso werden manche Gemüsesorten durch Frost schmackhafter?

In der Vergangenheit haben kühne Gemüsegärtner ihre Winterfrüchte erst dann geerntet, wenn diese mehrmals strengem Frost ausgesetzt waren. Sie wussten, ohne vielleicht den Grund dafür zu kennen, dass vor dem Frost geerntete Gemüsesorten, wie zum Beispiel Pastinaken, zäh und mehlig sind, wohingegen sie nach dem Frost viel süßer schmecken.

Gemüsesorten lagern häufig den Großteil ihrer Nahrungsreserven für den Winter in Form von Stärke ein; bei kaltem Wetter spaltet sich die Stärke in Zucker. Daher rührt der verbesserte Geschmack der Frucht.

Die Rolle des Zuckers

Aus Sicht des Gemüses macht die Umwandlung eines Teils seiner Stärke in Zucker bei kalter Witterung Sinn, weil durch den Zucker das Wasser in den Zellen nicht gefriert. Die Zuckermoleküle vermischen sich mit dem kühlenden Wasser im Gemüse, wodurch die Wassermoleküle nicht mehr aufsteigen und gefrieren: Tatsächlich senken sie den Gefrierpunkt des Gemüses. So kann beispielsweise das Wasser in einer Pastinake eiskalt sein, ohne dass diese zu Eis gefriert. Diese Extrasüße entsteht sowohl in Wurzelgemüse aus auch in grünen Gemüsesorten. Die chemischen Gründe dafür sind nicht immer dieselben: Beim Rosenkohl (Brassica oleracea) beispielsweise stammt der süßere Geschmack wahrscheinlich von der kalten Witterung, die die enthaltenen bitteren Anteile reduziert, und nicht von der Umwandlung von Stärke in Zucker.

Jedoch sind nicht alle Wintergemüsesorten frosthart, und viele, zum Beispiel Rote Bete, Möhren und Pastinaken, müssen bei extremem Temperaturabfall mit Stroh abgedeckt werden.

LASSEN SIE KARTOFFELN NICHT GEFRIEREN!

Im Gegensatz zu vielen anderen Feldfrüchten verbessern sich Kartoffeln (Solanum tuberosum) nicht durch Frost. Ihr Fleisch wird braun, und der Geschmack nach dem Kochen ist beinahe karamellartig. Schützen Sie also Ihre Kartoffeln vor sehr niedrigen Temperaturen.

GEMÜSESORTEN, DIE IM WINTER BESSER SCHMECKEN

Diese Gemüsesorten schmecken nicht nur gut, sondern sind auch sehr gesund.

Kohlblätter

Kohl. Die meisten Kohlsorten überstehen unbeschadet sehr niedrige Temperaturen, die Kälte verbessert sogar noch ihren Geschmack. Kohl enthält viel Vitamin A, B und C sowie entzün-dungshemmende Spurenelemente und Polyphenole.

Sareptasenf

Kohlblätter und Sareptasenf
Zwei Arten leicht anzubauendes Wintergemüse, beide reich an Vitamin A und K1 sowie Antioxidantien.

Grünkohl. Als eine der stetig zunehmenden Arten von Superfood hat sich Grünkohl diese Bezeichnung redlich verdient, da er jede Menge Vitamin K1, A und C, Antioxidantien sowie alle neun Aminosäuren, die Protein im menschlichen Körper produzieren, enthält.

Kohlrabi

Kohlrabi. Eine Gemüsesorte, die auch bei sehr niedrigen Temperaturen schnell gedeiht und so eine baldige Ernte garantiert. Kohlrabi enthält einen hohen Anteil an Glucosinolaten, natürliche Bestandteile, denen antibakterielle und antiparasitäre Eigenschaften zugesprochen werden.

Pastinaken. Leicht zuzubereiten (durch Kochen oder Braten), mit nussigem, süßem Geschmack, besonders reich an Kalium, Ballaststoffen und Vitamin C.

Wie überleben Pflanzen in der Wüste?

OBWOHL WIR DAS WORT „WÜSTE“ als Allerweltswort für jeden heißen und öden Ort verwenden, sind echte Wüsten tatsächlich extrem unterschiedlich, von den unwirtlichen, unberührten Gebieten aus Sand und Felsen, in denen es höchstens alle zehn Jahre regnet, bis hin zu vergleichsweise fruchtbaren Regionen mit zwar vorhersehbarem, aber spärlichem Niederschlag und relativ gemäßigten Temperaturen. Und Pflanzen als anpassungsfähige Opportunisten, die sie nun einmal sind, haben ihren Platz in den meisten Wüsten gefunden und werden also auch hier mit ihrer Umgebung fertig.

In den meisten Wüsten existieren in gewisser Weise Pflanzen, wobei einige wenige Wüsten auch für die flexibelsten Pflanzen eine Herausforderung sind. Die verschiedenen Pflanzenarten gehen unterschiedlich mit den extremen Bedingungen um.

Fünf Wüsten

Wie unterschiedlich Wüsten sein können, wird an diesen fünf Beispielen dargestellt.

Atacama-Wüste, Chile

Außergewöhnlich trocken und öde, mit einer durchschnittlichen jährlichen Regenmenge von lediglich einem Millimeter, wobei der Regen über Jahre hinweg ganz ausfallen kann. Sogar für die Pflanzen sind diese Bedingungen eine Herausforderung, so dass nur einige wenige Kakteen ihr kärgliches Dasein auf den Hügeln der Wüste fristen können, wo es etwas kühler und feuchter ist.

Karoo, Südafrika

Eine Wüste in hohen Lagen von bis zu 1.000 Metern Höhe mit gemäßigten Temperaturen und vorhersehbaren Regenfällen im Winter von bis zu 20 Zentimetern. Pflanzen wachsen und sähen rasch im Frühjahr aus, belassen ihre Samen den Sommer und Winter hindurch in einer Ruhephase und sprießen beziehungsweise blühen gleichsam schnell im folgenden Frühjahr.

Cistanthe (Cistanthe grandiflora) ist eine blühende Pflanze, die in der Atacama-Wüste in Chile beheimatet ist.

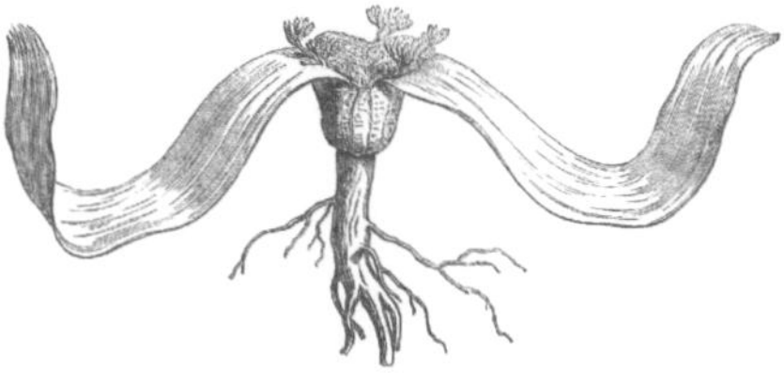

Die Welwitschie (Welwitschia mirabilis) ist eine bizarre, strauchähnliche Pflanze in der Wüste Namib. Sie bildet stetig zwei lange, riemenartige Blätter aus, die mehrere Meter lang werden können.

Wüste Namib, Südliches Afrika

Eine Küstenwüste mit nur 10 Zentimetern Niederschlag pro Jahr. Die Pflanzen, die hier überleben kö nnen, hängen von der Kondensation des Küstennebels oder von jahreszeitlichen Wasserläufen ab.

Sonora-Wüste, Nordamerika

Diese Wüste ist relativ nass mit 8 bis 40 Zentimetern Regenmenge in zwei „nassen" Jahreszeiten (Sommer und Winter). Es gibt mehr unterschiedliche Pflanzenarten in dieser Wüste als in jeder anderen. Beispiele hierfür sind der Kreosotbusch (Larrea tridentata), dessen Name sich durch den die Pflanze umgebenden strengen Geruch erklärt sowie der Saguaro (Carnegiea gigantea), welcher flache, weitreichende Wurzeln hat, um auch vom leichtesten Regenschauer profitieren zu können.

Thar, zwischen Indien und Pakistan

Die Thar ist dicht besiedelt. Es gibt dort Monsunregen mit 10 bis 50 Zentimeter Niederschlagsmenge während der späten Sommermonate der Monsunzeit. Die am häufigsten vorkommende Pflanze ist der Süßhülsenbaum (Prosopis cineraria), der ungewöhnlich tiefe Wurzeln und eine erstaunliche Toleranz gegenüber dem in beträchtlicher Tiefe vorkommenen Salzwasser hat.

FÜNF ÜBERLEBENSSTRATEGIEN VON WÜSTENPFLANZEN

- Die Fähigkeit, schnell eine große Menge Feuchtigkeit aufnehmen zu können
- Eine Wachsschicht zur Speicherung der Feuchtigkeit
- Verteidigungsstrategien wie die Stacheln der Kakteen, die ebenso nach Feuchtigkeit lechzende Tiere, die sie fressen wollen, abschrecken
- Eine wasserspeichernde Form der Fotosynthese, so dass die Poren der Pflanze sich nur in der Nacht öffnen
- Die Fähigkeit, während außergewöhnlich harten Zeiten in eine Ruhephase einzutreten und bei einer Wetterbesserung wieder zum Leben zu erwachen

F Wie überlebt Gras unter einer Schneedecke?

BEI SEHR KALTEM WETTER wird Rasengras oft braun: Die Blätter werden entweder durch die Temperaturen abgetötet oder vom Wind ausgetrocknet, und durch den gefrorenen Boden können die Wurzeln der Pflanzen den Wasserverlust nicht ersetzen. Brauner Rasen erzeugt Unmut bei den Gärtnern, erholt sich jedoch: Die aktive wachsende Fläche ist mit jedem einzelnen Grashalm verbunden und wird wieder wachsen, sobald sie die Gelegenheit erhält.

A Schnee kann dem Rasengras tatsächlich Schutz bieten, und wenn die Schneedecke nicht zu dick ist, dringt etwas Licht bis zu den Graspflanzen, so dass sie Fotosynthese betreiben können. Gras kann sogar unter dickem Schnee überleben, vorausgesetzt, dass die Kälte und das Tauen schrittweise und nicht plötzlich erfolgen.

Die Vorteile ...

Schnee isoliert und mindert plötzliche Temperatursprünge. Wenn jedoch ein plötzlicher Kälteeinbruch einer Tauphase folgt, kann er alle Pflanzen extrem schädigen. Gefallener, unverdichteter Schnee beinhaltet auch viel Luft, so dass Gras unter Schnee nicht „ertrinkt“, was bei wassergesättigtem Gras der Fall wäre, obwohl mit Schnee bedecktes Gras tatsächlich nicht wächst, da die Temperaturen zu niedrig sind – der Auslöser für Wachstum wird erst ab ungefähr 4 °C aktiv.

Was macht Gras winterhart?
Wie einige andere Pflanzen enthält Rasengras sein eigenes Frostschutzmittel in Form von Zucker in seinen Zellen.
Der Zucker vermischt sich mit dem kühlenden Wasser und beeinflusst die Bildung von Eiskristallen. Gefrorenes Wasser dehnt sich aus und würde die Pflanzenzellen zum Platzen bringen. Der Zucker fungiert also als Lebensretter für das Gras.

Und die Nachteile …

Trotz seiner Schutzfunktion ist Schnee nicht sehr gut für Gras. Kohlenstoffdioxid kann unter der Schneeschicht ansteigen, was wiederum die Pilzaktivität anhebt, so dass das Gras anfälliger für Krankheiten wird. Schmilzt der Schnee, verliert das Gras durch den Schneematsch seine Robustheit. Landwirte kennen dies: Viele Heufelder etwa sind leicht abschüssig, damit überschüssiges Wasser ablaufen kann und dem Gras keinen Schaden zufügt.

Ein anderes Phänomen wird Schneeschimmel genannt, bei dem tote oder gelbliche Grasstücke nach dem Schnee zum Vorschein kommen und sich ausbreiten, bis es wärmer und trockener wird und neues Wachstum möglich ist. Dies wird von zwei speziellen Pilzen mit klangvollen Namen verursacht, nämlich: Typhula-Fäule (Typhula incarnata) und Schneeschimmel (Monographella nivalis), beides Opportunisten, die ihren Vorteil aus dem geschwächten Gras ziehen.

RUHENDE AUSSAAT

In kalten Gebieten „frischen" Gärtner ihren Rasen auf oder ersetzen kahle Stücke, indem sie im späten Herbst kurz vor dem ersten Schnee Gras aussäen. Dies wird ruhende Aussaat genannt. Sie funktioniert wahrscheinlich, weil das Saatgut sofort nach der Schneeschmelze Nutzen aus den feuchten, warmen Bedingungen zieht und keimen kann, bevor die ansässigen Vögel sich an ihm gütlich tun.

Wieso nehmen Blätter im Herbst eine andere Farbe an?

WENN DER WINTER NAHT, was sich durch kürzer werdende Tage und fallende Temperaturen ankündigt, ergreifen Bäume Maßnahmen, um ihre Energie zu konservieren. In den Blättern enthaltene Nährstoffe, insbesondere Chlorophyll, werden aufgespalten und zurück in den Stamm und die Wurzeln transportiert, um vor dem Winter in Sicherheit zu sein. Unerwünschte, vom Baum aufgenommene Stoffe hingegen, wie zum Beispiel Silizium und Metallspuren, werden in die Blätter geleitet und fallen dann mit ihnen ab.

Das Rezept für Herbstfarben

Wenn das Chlorophyll über die Blätter zurück in den Stamm und die Wurzeln geleitet wird, kommen andere Pigmente ins Spiel und geben den Blättern ihre charakteristischen Herbstfarben. Carotin und Xanthophyl kreieren Gelb, während Rot und Lila durch eine Mischung Anthocyane plus des im Blatt verbleibenden Zuckers erzeugt werden.

Das Laub des Ahornbaums (Acer) hat oft eine spektakuläre Herbstfärbung.

Chlorophyllreste zusammen mit Anthocyan funktionieren mit Wärme und Licht bei der Produktion brillanter Farbtöne, so dass der kalte oder bewölkte Herbst in Westeuropa nicht so effektiv bei der Farberzeugung ist wie der warme, strahlende Indian Summer in Neuengland, wo die Herbstfarben für ihre Leuchtkraft berühmt sind.

A

Blätter sind grün, weil das Hauptpigment in ihnen das Chlorophyll ist. Eine der Methoden, mit der Bäume im Winter Energie konservieren, ist der Rücktransport des Chlorophylls und anderer Nährstoffe in den Stamm.

RAUPEN-TARNUNG

Der Herbst ist nicht gut für Raupen. Viele von ihnen haben geniale Tarnstrategien entwickelt, um sich dem Sommerlaub ihrer Wirtspflanzen optisch anzugleichen, und einige, wie zum Beispiel die Raupe des Birkenspanners (Biston betularia), können ihre Tarnung auf mehr als einen Wirt anwenden. Diese Raupe kann sich optisch in sage und schreibe 13 verschiedene Wirtsbäume einfügen. Während einige Raupen ihre Farbwechsel durch die Aufnahme bestimmter Nahrung erzielen, ist es noch erstaunlicher, dass die Raupe des Birkenspanners nur eine Farbe in ihrem Wirt sehen muss, um sie selbst anzunehmen.

Im Herbst jedoch ändert sich dies. Aus irgendeinem Grund scheinen die Raupen nicht in der Lage zu sein, die strahlenden Farben der sich ändernden Blätter anzunehmen. Und wenn ihre Tarnung fällt, sind die Raupen deutlich für räuberische Insekten und Vögel erkennbar. Einige haben einen sekundären Schutz: Entweder sind sie nicht schmackhaft und bewerben dies mit auffälliger Färbung oder sie kommen erst bei Nacht heraus, um Nahrung zu suchen, wenn weniger Räuber in der Nähe sind. Aber die weise Raupe spinnt ihren Kokon weiter, wenn der Herbst kommt.

Birkenspannerraupen (Biston betularia) auf einer Birke (Betula), links, und auf einer Weide (Salix), rechts

Wieso blühen Blumen nicht im Winter?

WENN SIE IHRE LIEBLINGSBLUMEN aufzählen sollen, wird es sich vor allem um Frühlings- und Sommerblumen handeln. Aber wenn Sie genauer nachdenken, werden Ihnen auch einige einfallen, so zum Beispiel die Winterblüher Christrose (Helleborus), das Schneeglöckchen (Galanthus) oder die Duft-Heckenkirsche (Lonicera), die sofort in einem ansonsten ziemlich leeren Garten auffallen.

Blühen im Winter vs. Blühen im Sommer: Vor- und Nachteile

Für einige Arten gibt es klare Vorteile, im Winter zu blühen. Windbestäubte Pflanzen ziehen ihren Vorteil aus sowohl dem windigen Winterwetter als auch aus der Abwesenheit immergrünen Laubes, was umherfliegende Pollen abfangen könnte, bevor sie weibliche Blüten erreichen können. Für Pflanzen, die sich auf Bestäubung durch Insekten verlassen, kann das Blühen im Winter eine Möglichkeit der Konkurrenzvermeidung sein. Würden sie im Sommer blühen, müssten sie erhebliche Ressourcen in Duft und Farbe investieren, um ansprechende Pflanzen zu produzieren, die es mit allen anderen blühenden Pflanzen aufnehmen können. Und während sommerblühende Pflanzen spezifische Bestäuber benötigen, können jene, die im Winter blühen, nicht wählerisch sein: Die Bestäubung muss problemlos von jedem vorbeikommenden Insekt durchführbar sein, ob Biene, Käfer oder Fliege. Winterblühende Pflanzen müssen ihre Samen in der kühleren, trüberen Witterung im Frühjahr reifen lassen, aber dies kann ihnen einen Vorteil bei der Keimung verschaffen, da sie frühzeitig jeden guten Ort für ihr Wachstum vor den später Samen ansetzenden Frühjahrs- und Sommerblühern erobern können.

Schneeglöckchen (Galanthus) blühen von Herbst bis zu Beginn des Frühjahrs. Jede Art hat ihre bestimmte Blütezeit.

Obwohl wir Blumen dem Frühjahr und Sommer zuschreiben, gibt es auch eine Reihe von Pflanzen, die im Winter blühen. Sie tun dies aus einer Vielzahl von Gründen.

Wie lange kann ein Baum im Dunkeln überleben?

WIR ERHALTEN UNSERE LEBENSMITTEL aus externen Quellen, ein Baum jedoch muss seine Nahrung selbst mittels Fotosynthese herstellen, und diese hängt von Licht und Wasser ab. Sie kann nicht im Dunkeln stattfinden, obwohl die Atmung weiterlaufen muss, da der Baum sonst stirbt. Und natürlich wird der Baum nicht ohne Nahrung überleben, wobei dieser Prozess jedoch länger dauert.

Hungrig oder durstig?

Bekannterweise verdurstet ein Tier viel schneller, als dass es verhungert. Bei Pflanzen ist es genauso. Wasser wird sofort benötigt, während feste Nahrung eine längerfristige Notwendigkeit ist. Würde ein sommergrüner Baum im Dunkeln verbleiben (hypothetisch), würde er seine Nährstoffquellen in seine Wurzeln schicken und rasch sein Laub abwerfen, genauso, als ob er in seinen Halbruhezustand im Winter eintreten würde. Der obere Teil des Baumes, der hauptsächlich aus hartem, nicht lebendem Holz sowie einer lebenden Haut aus Wasser und nährstoffführenden Zellen besteht, würde nur sehr wenig Nährstoffe in der Dunkelheit benötigen.

Mit seiner Krone im Ruhezustand würde der Baum in Bezug auf sein Überleben auf seine Wurzeln vertrauen. Wäre die Umgebung des Baumes nicht nur dunkel, sondern auch kalt, würde sich die Wurzelaktivität auch reduzieren und die potentielle Überlebenszeit des Baumes zunehmen. Große Bäume haben verhältnismäßig große Nährstoffspeicher, mit deren Hilfe sie einige Jahre überleben können, auch wenn keine Fotosynthese gegeben ist. Aber ohne die Möglichkeit, mehr Nahrung zu produzieren, würden sie letztendlich verhungern.

Ein Baum im Dunkeln kann keine Nahrung herstellen, daher wird er schließlich verhungern. Wie lange dies dauert, hängt von seinen Zuckerreserven und der ständigen Verfügbarkeit von Wasser ab.

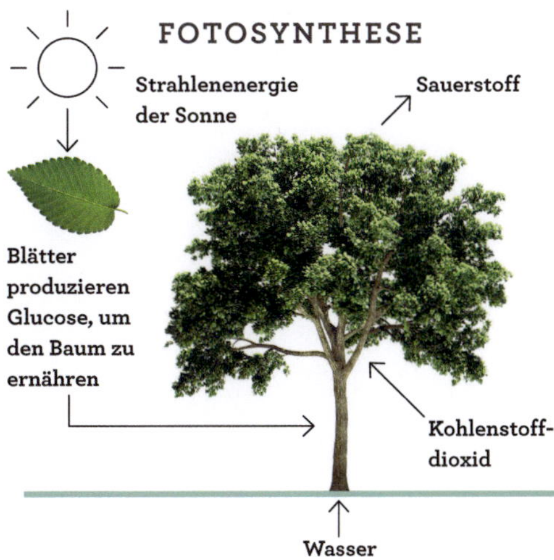

Was passiert mit den Fröschen im Teich, wenn er zufriert?

FRÖSCHE SIND IN DEUTSCHLAND HEIMISCH und gut an das Klima angepasst und haben eine wichtige Funktion im Garten: Sie ernähren sich von Insekten und halten Gartenschädlinge unter Kontrolle, während sie selbst ein Leckerbissen für Vögel und Schlangen sind. Da große Teiche in der freien Natur zunehmend seltener werden, bieten Gartenteiche eine wertvolle Heimat für Frösche. Aber wie überstehen sie einen kalten Winter?

Ein Froschleben

Der Grasfrosch (Rana temporaria) ist die am häufigsten verbreitete Tierart in Deutschland. Im Winter verlangsamt sich ihr Stoffwechsel, damit sie Energie sparen können, jedoch benötigen sie immer noch etwas Sauerstoff und können sogar in milderen Perioden herumschwimmen. Ihr Überleben hängt von der Teichtiefe ab: Ist der Teich mindestens 45 Zentimeter tief, gefriert er nicht bis zum Boden und fügt somit den Fröschen keinen Schaden zu.

A

Frösche überwintern manchmal an Land, wo sie zu mehreren aufeinander auf Baumstämmen, in kleinen Felsspalten oder auf Haufen toten Laubstreus Winterruhe halten. Verbringen sie den Winter im Wasser, halten sie sich in der Schlammschicht am Grund des Teiches auf, wo noch Sauerstoff verfügbar ist.

Der Grasfrosch (Rana temporaria) ist in Europa weit verbreitet. Im Winter kann er seinen Stoffwechsel herunterfahren, um Energie zu sparen.

ALLES IM TEICH

Waldfrosch
(Rana sylvatica)

In weniger gemäßigten Regionen haben Frösche es schwerer. In manchen Teilen Amerikas, wo sehr strenge Winter die Norm sind, finden einige Erdfroscharten, wie zum Beispiel der Waldfrosch (Rana sylvatica), einen ruhigen Platz, wo sie überwintern, einfrieren und schließlich unbeschadet im Frühjahr wieder auftauen. Dies gelingt nur wenigen Lebewesen. In den Zellen eines jeden Tieres befindet sich viel Wasser, und wenn dieses gefriert, dehnt es sich aus, so dass die Zellen platzen. Waldfrösche jedoch werden damit fertig: Ihre Zellwände sind nicht nur sehr elastisch, so dass sie sich dem Gefrieren widersetzen können. Auch die tief in ihrem Körper vorhandenen Zellen ihrer Zentralorgane enthalten für gewöhnlich eine große Menge an Glucose, so dass sie gar nicht erst gefrieren können. Ein Waldfrosch mitten im Winter scheint vollständig gefroren zu sein: Weder atmet er, noch hat er einen Herzschlag, aber im Frühjahr taut er auf und erwacht auf wundersame Weise wieder zum Leben.

Friert jedoch ein kleiner, flacher Teich ein, kann sich durch das Eis der Sauerstoff im Wasser nicht lösen, wodurch die am Grund ausharrenden Frösche ersticken können. In tieferen oder größeren Teichen ist dies aber unwahrscheinlich. Wenn Sie einen Teich haben und sich während einer längeren Kälteperiode über Ihre Frösche Sorgen machen, schmelzen Sie ein- bis zweimal mit heißem Wasser ein Loch in die Eisoberfläche. So kann sich genug Sauerstoff in dem kalten Wasser lösen, um die Bedürfnisse der genügsamen Frösche zu befriedigen.

▼ Der Leopardfrosch (Lithobates pipiens) überlebt die strengen Winter in Kanada und den USA, indem er am Boden von Teichen und Flüssen Winterruhe hält.

Kapitel 5

Im Garten

Wie hält man Spinnen aus seinem Gartenhaus fern?

SOFERN SIE NICHT ZU DEN VIER PROZENT der Bevölkerung gehören, die an Spinnenangst leiden, wäre die beste Strategie, sich mit Spinnen zu arrangieren. Sie sind tolle Räuber, die einen wertvollen Platz in der Nahrungskette haben, da sie eine Vielzahl an Schädlingen in Schach halten und Nahrung für Vögel und andere Tiere sind.

Sie müssen jetzt ganz stark sein, aber nicht nur Spinnen können durch mit Silikonkitt hermetisch versiegelte Öffnungen gelangen. Doch scheint es ziemlich herzlos zu sein, einigen sehr nützlichen Mitgliedern der Gesellschaft eine Unterkunft für den Winter zu verweigern.

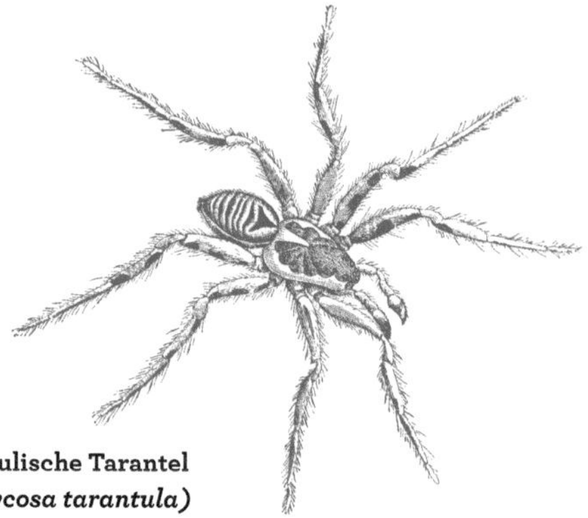

Apulische Tarantel (*Lycosa tarantula*)

Auch wenn Sie keine Angst vor Spinnen haben, ist es Ihnen vielleicht im Herbst, wenn der Brutzyklus der Spinnen seinen Höhepunkt erreicht, zu viel des Guten. Wenn die Temperaturen fallen, kommen sie in die Gebäude; und Gartenhäuser werden förmlich überrannt. Für den Fall, dass Sie nicht viel Zeit damit verbringen wollen, im Gartenhaus mit Spachtelmasse zu hantieren, ziehen Sie diese herkömmlichen Abwehrmittel in Betracht: Stellen Sie eine Schüssel mit Kastanien und Walnüssen ins Gartenhaus. Dem Volksmund zufolge können Spinnen deren Geruch nicht ausstehen – ein Versuch ist es wert. Außerdem wird behauptet, dass Spinnen vor der Farbe Blau Reißaus nehmen: Geben Sie also Ihrem Gartenhaus einen neuen, himmelblauen Anstrich. Mehr Grundlage enthält die Annahme, dass stark riechende Öle, wie zum Beispiel Zitronengras- oder Minzöl, Spinnen vertreiben. Auch hier gibt es keine fundierten wissenschaftlichen Beweise, aber Sie können es versuchen. Letztendlich können Sie sich mit der Tatsache trösten (vorausgesetzt, Sie leben nicht in Australien), dass die meisten der europäischen Spinnen für den Menschen harmlos sind.
Down Under, dichte dein Gartenhaus gut ab.

Wann wird aus einem Beet eine Rabatte?

Die meisten Leute stellen sich unter einem gepflegten Garten Blumenbeete vor: Sogar die Hängenden Gärten von Babylon sollen „gruppierte Blumen in schöner Anordnung“ gewesen sein. Beete haben schon eine wichtige Rolle in Gärten gespielt, als reiche Villenbesitzer im alten Rom stolz auf ihre Pflanzungen waren. Gartenbeete haben sich auch gegenüber wechselhaften Trends recht widerstandsfähig gezeigt: Heutzutage sind sie immer noch in Gärten beliebt.

Ein Beet ist einfach ein Fleck Erde, der für die Bepflanzung verwendet wird, während eine Rabatte ein langes, umschlossenes Beet ist, sei es durch eine Mauer, einen Weg oder einen Zaun.

Während Beete in modernen Gärten oft eher formlos sind, waren sie im 17. und 18. Jahrhundert für gewöhnlich Teil einer Parterre, einer klaren Anordnung von manchmal kunstvoll geformten Beeten in einem allgemein symmetrisch gepflanzten Muster. Seit Beginn des 20. Jahrhunderts ist der Stil weniger gesetzt, mit Inselbeeten im Rasen oder inmitten der Wege. Die traditionelle Form für eine Rabatte war länglich, welche typischerweise von einer Mauer oder Hecke gestützt wurde und auch idealerweise tief war, da man so besser verschiedene Höhen einer farbenprächtigen Mischung aus krautigen Jahrespflanzen und Stauden zur Schau stellen konnte. Der Längenrekord für eine Rabatte wurde aufgrund einiger Beispiele auf Dirleton Castle in Schottland festgesetzt, die sich auf eindrucksvolle 215 Meter bemisst.

ANLEGEN VON PRÄRIEGÄRTEN

Beete scheinen nicht aus der Mode zu geraten, aber die Pflanzgewohnheiten ändern sich durchaus. Zunehmend werden Beete und Rabatten mit selbst erhaltenden Pflanzengesellschaften bepflanzt, die keinen arbeitsintensiven Zeitplan hinsichtlich Jäten, Düngen, Abstecken und Aufteilen erfordern. Präriegärten, die auf natürliche Weise blumenreiche Wiesen imitieren, sind derzeit sehr beliebt. Sie müssen im Frühjahr stark zurückgeschnitten werden, benötigen aber sonst bewundernswert wenig Pflege.

Wer hat den Gartenzwerg erfunden?

MAN KANN SIE LIEBEN ODER HASSEN, aber diese kitschigen kleinen Figuren haben tiefe historische Wurzeln. Eine Vorliebe für neckische und oft auffallend schmutzige Gartenskulpturen geht weit bis zu den Römern zurück. Im 17. Jahrhundert war diese Mode in Deutschland angekommen, aber erst im 18. und 19. Jahrhundert nahmen die Gartenzwerge ihre bis heute währende Gestalt an.

Vom Schwarzwald bis zu den britischen Vorstädten

Die deutschen Zwerge waren vielfach mit dem Volkstum des Schwarzwaldes verbunden, und wahrscheinlich deshalb wurden sie häufig als Bergarbeiter mit Spitzhacke und Spaten dargestellt. Als im Laufe des 19. Jahrhunderts der Tourismus im Schwarzwald zunahm, wurden sie von den Gästen als Souvenir mit nach Hause genommen, und Gartenbesitzer begannen sie zu sammeln. Aus dieser Periode stammende Gartenzwerge sind nun begehrte, hochpreisige Antiquitäten, obwohl ihr Import mit dem ersten Weltkrieg und der daraus folgenden Deutschenfeindlichkeit zum Erliegen kam.

Der Trend nahm stetig ab, bis Gartenzwerge eine ständige Dekoration in eher einfacheren Gärten wurden und Workshops aufkamen, um sie selbst aus wetterfestem Zement herzustellen. Ihre Hochphase war in den 1950er und 60er Jahren, als ihre Besitzer ihrer Kreativität freien Lauf ließen, indem sie die Gartenzwerge szenenhaft arrangierten und gleichgültig gegenüber arroganten Anschuldigungen hinsichtlich eines schlechten Geschmacks waren. Und eifrige Sammler gibt es auch heute noch: 2012 präsentierte das

Die ersten Gartenzwerge, die den heutigen ähneln, wurden in Deutschland hergestellt und waren, was vielleicht überrascht, hochwertige Objekte aus sorgfältig gegossenem und bemaltem Terrakotta oder sogar Porzellan. Sie waren auch um einiges größer als ihre modernen Brüder, nämlich ungefähr einen Meter.

Gnome Reserve in Devon 2.042 Gartenzwerge und übertraf damit nur knapp einen Sammler aus Lincolnshire, der zum Zeitpunkt seines Todes im Jahre 2015 mehr als 1.800 „kleiner Leute“ besaß. Während die „ordentliche“ Verwendung der Gartenzwerge anscheinend nachlässt, sind sie immer noch eine beliebte ironische Dekoration in vielen Gärten.

▲ Gartenzwerge zu kidnappen und sie nur gegen Lösegeld freizugeben, ist ein modernes, nicht ganz ernst gemeintes Vergehen.

ADELIGE VORFAHREN

Es wird erzählt, dass die heutigen fröhlichen, kleinen und erschwinglichen britischen Gartenzwerge direkte Nachfahren von einer Sammlung von deutschen Terrakottazwergen sind, die in den 1840er Jahren von Sir Charles Isham, Besitzer von Lamport Hall in Northamptonshire, exportiert wurden, um ihren Charme in einem speziell angelegten Steingarten optimal zur Schau zu stellen. (Der Steingarten ist immer noch für Besucher geöffnet, aber nur einer der originalen Zwerge namens Lampy hat überlebt.) Diese aristokratischen Ursprünge konnten jedoch nichts ausrichten, um ihre Nachfahren bei der Chelsea Flower Show der RHS (eine jährliche Gartenschau in London) einzuschmeicheln, die seit ihrem hundertjährigen Bestehen ein Verbot für Gartenzwerge aufrechterhält. Dieses Verbot wurde kurzzeitig im Jahre 2013 aufgehoben, jedoch kurzerhand im folgenden Jahr wieder eingeführt.

Wieso fressen Schnecken bestimmte Pflanzen, andere aber nicht?

WIESO SIND EINIGE PFLANZEN FESTER BESTANDTEIL von Schneckennahrung, während andere links liegen gelassen werden? Gibt es eine Reihe von Vorzügen, die Blätter haben müssen, oder haben Schnecken vielleicht je nach Wetterlage oder Zeitpunkt unterschiedliche Gaumen? Und das Wichtigste: Gibt es so etwas wie eine schneckenfreie Gartenpflanze?

Schnecken mögen viele verschiedene Gartenpflanzen, aber sie lieben junge, fleischige, zarte und nährstoffreiche Blätter, die weder ledrig geworden sind noch chemische Abwehrmaßnahmen entwickelt haben.

Den Krieg der Schnecken bekämpfen

Oft passen die kostbaren Setzlinge eines Gärtners genau in die Kategorie „Schneckenleibgericht“. Einige Pflanzen haben eigene Abwehrmechanismen entwickelt, aber Sie können ihnen dabei helfen, die schleimigen Räuber abzuschrecken. Viele Pflanzen nutzen Chemikalien, um sich selbst ungenießbar für die Schnecken zu machen, was chemische Ökologie genannt wird. Sie wirkt aber erst dann, wenn die Pflanzen keine Setzlinge mehr sind. Einige Kartoffelsorten etwa haben höhere Giftstoffkonzentrationen („Alkaloide“) in ihrer Schale als andere (die meisten haben welche zu einem gewissen Grad), und diese werden viel seltener durch Schnecken beschädigt als jene mit einer niedrigeren Konzentration. Im Allgemeinen ziehen Schnecken glatte Blätter sehr haarigen oder rauen Blättern vor.

Abgesehen von inneren chemischen Verteidigungstechniken sind Vögel die größten natürlichen Feinde für Schnecken. Werden Vögel also mit extra Futter und Wasser im Garten ermuntert, reduzieren sie dafür im Garten die Schneckenpopulation.

Gärtner können junge Pflanzen in Töpfen aufziehen, die einfach in einer „sicheren“ Ecke im Garten verteidigt werden können (auf grobem Sand oder im Treibhaus). Pflanzen Sie die Pflänzlinge erst dann aus, wenn sie groß genug sind.

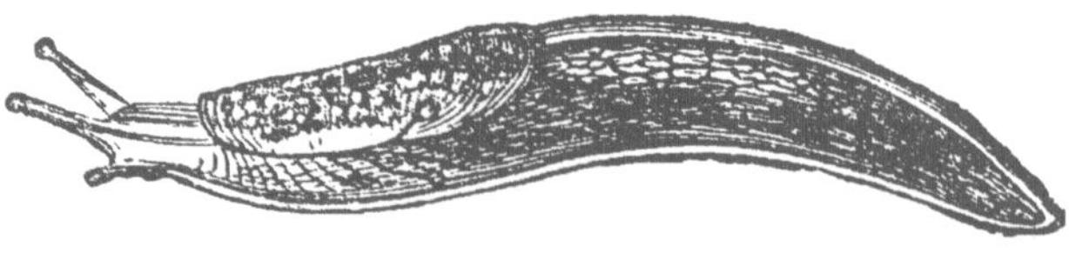

Natürliche Hemmstoffe können auf Laub eingeweicht werden, etwa Knoblauch- oder Kalziumchloridlösungen. Letztere sind extrem bitter, und Schnecken lassen auch Knoblauch links liegen. Diese verdünnten Mischungen werden vom Regen weggespült und müssen erneuert werden.

ZEHN PFLANZEN, DIE SCHNECKEN LIEBEN – UND ZEHN, DIE SIE HASSEN

Es lohnt sich, dies zu beachten, wenn Sie sich Gedanken um Ihren Garten machen. Bei vorausschauender Planung können Sie sich den Herzschmerz sparen, Schnecken all Ihre Lieblingspflanzen genüsslich kauen zu sehen.

Lieblingspflanzen

- Sellerie
- Funkie (Hosta)
- Kopfsalat
- Petunie (Petunia)
- Stangenbohne
- Tulpe (Tulipa)
- Dahlie (Dahlia)
- Rittersporn (Delphinium)
- Gerbera (Gerbera)
- Erbse

Verhasste Pflanzen

- Wahrer Bärenklau (Acanthus mollis)
- Frauenmantel (Alchemilla mollis)
- Bergenie (Bergenia)
- Tränendes Herz (Dicentra spectabilis)
- Fingerhut (Digitalis)
- Fuchsie (Fuchsie)
- Pelargonie (Pelargonium)
- Porzellanblümchen (Saxifraga x urbium)
- Kapuzinerkresse (Tropaeolum)
- Königskerze (Verbascum)

Funkie (*Hosta*)

Welche Lebensmittel ergeben den besten Kompost?

DIESE FRAGE GEHT IHNEN WAHRSCHEINLICH nicht allzu oft durch den Kopf, da es sich definitionsgemäß bei menschlicher Nahrung, die in Ihrem Kompostbehälter landet, um Reste handelt – niemand würde Lebensmittel nur deswegen kaufen, um seinem Kompost etwas Gutes zu tun.

Sogar die kompostfreundlicheren Reste der menschlichen Nahrung, nämlich Gemüseabfälle, bieten keinen Nutzen, wenn sie in großen Mengen hinzugefügt werden, da dies zu viel Stickstoff verursacht. Für einen ausgewogenen, eher krümeligen als nassen Kompost müssen die Gemüseabfälle mit viel trockenerem, strohähnlichem Material vermischt werden.

Wenn Sie es nicht riskieren wollen, das Gleichgewicht Ihres „Hauptkompostbehälters" zu opfern, gibt es alternative Wege, um sicherzustellen, dass Ihre Abfälle nicht „verkümmern". Es gibt kleinere Kompostbehälter speziell für Nahrungsmittelreste, die zwar nicht viel, jedoch einen sehr hochwertigen Kompost ergeben: robuste, ratten- und mausbeständige Behälter mit Gitterböden: Die Luft kann frei in dem Behälter zirkulieren, so dass der Verfallsprozess rasch – und aufgrund des anaeroben beziehungsweise luftleeren Abbaus – weitgehend geruchslos erfolgt. Flüssiger Abfall sickert durch das Gitter in die Erde, wo er von den Bakterien im Boden zersetzt wird.

Wenn Sie nicht darauf erpicht sind, dauerhaft einen Komposteimer in der Küche stehen zu haben, können Sie mit einem Bokashi-Eimer eine kleine Menge Kompost aus Lebensmittelabfällen im Haus herstellen, ohne diesen zu sehen und zu riechen. Diese verschlossenen Komposteimer werden mit sorgfältig ausgewählten Mikroben und Pilzen „gefüttert", damit der Abfall sich effizient und schnell zersetzen kann.

In härteren Zeiten wurden die Kartoffeln geschält und die Schalen angepflanzt. Die Schale hat „Augen" (Triebe), aus denen sich neue Pflanzen entwickeln.

Ist Urin gut für Pflanzen?

Viele Biogärtner, die ihren Anspruch auf Nachhaltigkeit konsequent zu Ende denken, wässern ihren Garten mit ihrem eigenen verdünnten Urin – und berichten gute Ergebnisse. Anscheinend verbleibt auch kein verräterischer Geschmack in dem Produkt. Aber ist Urin wirklich gut für Pflanzen?

> Urin enthält Stickstoff, Phosphor und Kalium, und ein Erwachsener sondert bei einer Entleerung der Harnblase für gewöhnlich 11 Gramm Stickstoff, 1 Gramm Phosphor und 2,5 Gramm Kalium ab. Dies macht den Harn zu einem ausgewogenen und potenziell wertvollen Dünger.

Während von der Verwendung von menschlichem Kot im Garten aus gesundheitlichen Gründen abzuraten ist, ist der Urin einer gepflegten und gesunden Person frei von jeglichen potenziell schädlichen Enterobakterien wie zum Beispiel Kolibakterien.

In größerem Maßstab ist die Erfahrung von Landwirten, die diesen einfachen, kostengünstigen Dünger verwenden, positiv, da er zu guten Ernten und einem gesunden Boden führt. Jedoch gibt es auf internationaler Ebene nicht viel Begeisterung für ausgedehntere Maßnahmen, was das Sammeln und Verteilen betrifft: Urinabtrennende Toiletten gibt es zwar schon, aber oft entsprechen sie nicht den gesetzlichen Gebäude- oder Hygienevorschriften. Das ist bedauerlich. In Schweden, wo urinabtrennende Sanitäranlagen verbreiteter als in vielen anderen Ländern sind, werden Speichertanks verwendet. Sobald der Frühling kommt, wird damit das Ackerland gedüngt.

SOLLTE ICH IN MEINEN KOMPOSTHAUFEN PINKELN?

Es gibt gute Gründe dafür, dem Kompost Urin zuzufügen. Der zusätzliche Stickstoff beschleunigt den raschen Verfall holzigen, kohlenstoffreichen Materials, und das Kalium sowie, in einem geringeren Maß, der Phosphor erhöhen den Nährstoffgehalt des entstehenden Kompostes. Die im Kompost existierenden Mikroben machen den Urin recht schnell ungefährlich. Wird der Kompost jedoch nass, benötigt er zusätzlich Stroh, um das Gleichgewicht und den Kompostierprozess aufrechtzuerhalten.

Wieso wächst Moos auf dem Rasen?

Moos hat sich hervorragend an ein Leben in feuchter, schattiger Umgebung angepasst. Und während starkes, dickes Gras Moos durch Beschattung unterdrückt und die gesamte Feuchtigkeit der Erde für sich beansprucht, ist es hingegen so, dass bei einem zertrampelten Rasen der Boden sich verdichtet und so eine gute Umgebung für Moos entsteht, welches die Gelegenheit nutzt, das Gras zu überholen und die Rasenfläche für sich einzunehmen.

Moos und Gras brauchen unterschiedliche Bedingungen, um zu gedeihen. Herrscht eine feuchte Witterung vor und ist das Gras stark belastet, kann Moos zu einem ernsthaften Rivalen für die Rasenfläche werden.

Viele Gärtner, besonders jene, die sich für glatte, strahlend grüne Rasenflächen begeistern, fechten lang angelegte Kämpfe mit Moos aus. Ihre Taktiken beinhalten die Versorgung des Rasens mit Nährstoffen sowie das Durchbohren der Rasenerde, um den Boden zu belüften, damit der Feind des Rasens aus dem Feld geschlagen wird. Dieser Prozess läuft genauso ab, wie er sich anhört, indem entweder mittels Belüftungslanzen Löcher in den Boden gestochen oder mit hohlen Lanzen dünne Bodenstücke beseitigt werden. Moos bevorzugt auch einen sauren Boden. Die Hinzufügung von Kalk zur Steigerung des pH-Wertes begünstigt also das Graswachstum.

▼ Moos ist die Methode der Natur, den Boden an Orten zu bedecken, die zu schlecht bewässert und zu schattig für andere Pflanzen sind.

Wenn Sie es nicht besiegen können …

Moos pflanzt sich mittels Sporen fort. Wo die Bedingungen moosfreundlich sind, siedelt es sich an und beginnt zu wachsen. Viele Gärten in feuchtem Klima haben schattige Flächen, wo es unmöglich ist, günstige Bedingungen für Gras zu schaffen. Ist dies der Fall, kann der Gärtner auch seine Niederlage erklären und genauso gut Moos als „Rasen" anpflanzen. Dies bedeutet eine Umkehrung der Taktik: In einem Moosrasen ist Gras das „Unkraut" und muss gezielt mit Unkrautvernichtern niedrig gehalten werden (Moos ist immun gegenüber den meisten Unkrautvernichtern). Während ein Rasen aus Moos nicht mit Nährstoffen versorgt oder gemäht werden muss, muss er feucht gehalten werden, um gedeihen zu können. Moos übersteht auch Getrampel nicht, daher sollte ein Weg aus Trittsteinen über den Moosrasen führen.

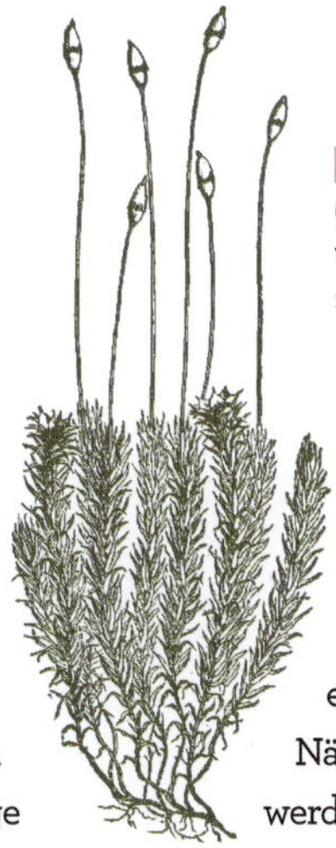

◀ Das Goldene Frauenhaarmoos (Polytrichum commune) ist weit verbreitet und hat hübsche, sternförmige, grüne Blätter.

MOOS: DER GROSSE ÜBERLEBENSKÜNSTLER

Moos ist eine Pflanze, aber es hat keine Wurzeln und keine internen, wasserführenden Gefäße. Dies bedeutet, dass es in nasser Umgebung leben muss und Wasser zur Fortpflanzung benötigt. Trotz dieser Einschränkungen ist es erstaunlich gut darin, neue Lebensbereiche zu erobern, wo es zu wenig Erde für Bodenpflanzen (auf Dächern beispielsweise) oder zu wenig Licht gibt (in schattigen Waldgebieten etwa). Moos begrünt also die aussichtsloseste Umgebung und spielt eine wichtige Rolle in einer vielfältigen Gartengestaltung. Und obwohl es in ausgedehnten Trockenperioden vertrocknet und recht traurig und braun aussieht, nimmt es bei erneutem Regen äußerst schnell Wasser auf und erwacht in nur wenigen Stunden wieder zum Leben. Wegen seiner Aufnahmefähigkeit war getrocknetes Torfmoos, das das 20-Fache seines Volumens an Feuchtigkeit aufnehmen kann, ein im Ersten Weltkrieg häufig genutzter Notbehelf, um Wunden zu verbinden.

Hain-Torfmoos
(Sphagnum capillifolium)

F Was ist der Unterschied zwischen Nackt- und Gehäuseschnecken?

NACKT- UND GEHÄUSESCHNECKEN haben viele Gemeinsamkeiten: Sie sind beide Weichtiere, die Art, zu denen auch Schalentiere gehören, und beide können nur in feuchter oder nasser Umgebung leben. Beide kommen gehäuft, manchmal sogar in außergewöhnlich hoher Zahl vor, und zwar in fast jedem Garten, wo sie meist keine willkommenen Besucher sind. Jedoch pflegen sie verschiedene Lebensstile.

Der Alltag von Nackt- und Gehäuseschnecken

Bei heißem Wetter entgehen Gehäuseschnecken dem Austrocknen, indem sie in ihrem Häuschen in einer versteckt liegenden Ecke des Gartens Zuflucht finden, wohingegen Nacktschnecken in der Lage sind, in den Erdboden zu gleiten. Dies ist der Grund, wieso Sie tagsüber viel mehr Gehäuse- als Nacktschnecken im Garten vorfinden. Kommen Sie im Dunkeln mit einer Taschenlampe wieder, und Sie werden feststellen, dass die Nacktschnecken aus ihrem unterirdischen Zufluchtsort aufgetaucht und in ungefähr gleicher Anzahl wie die Gehäuseschnecken anzutreffen sind.

A Der offensichtliche Unterschied besteht in dem Haus. Während dies einen integrierten Unterschlupf darstellt, muss die Nacktschnecke selbst einen Schutz finden, daher verbringt sie viel Zeit unter der Erde.

Obwohl Gehäuseschnecken sich lieber an feuchten, geschützten Orten aufhalten und Sonne vermeiden, nutzen sie schnell Regenwetter und können sehr hoch klettern. Man findet sie beispielsweise oft am höchsten Punkt einer großen und leckeren Pflanze.

Sowohl Nackt- als auch Gehäuseschnecken schützen sich mit Schleim vor Fressfeinden. Er wird in beträchtlichen Mengen abgesondert und von vielen Tierarten als unappetitlich wahrgenommen.

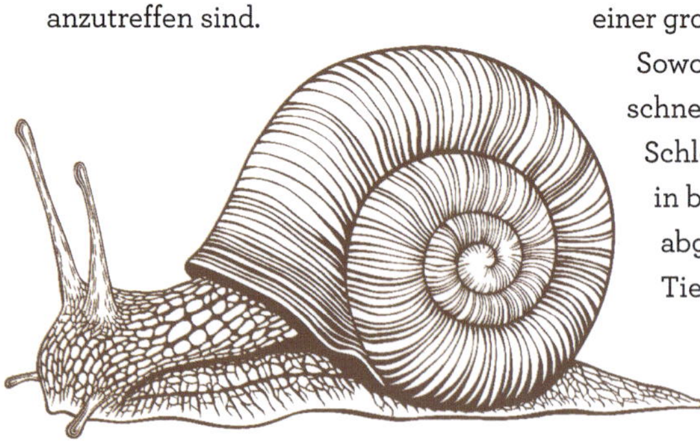

DIE ANATOMIE DER NACKTSCHNECKE

Nacktschnecken mögen auf den ersten Blick recht formlos erscheinen, aber ihre Anatomie ist erstaunlich ausgereift.

Am Kopf sitzen zwei Paare teleskopische Fühler, von denen das eine der Schnecke als „Augen" und das andere als „Nase" dient. Der Mund hat recht dicke Lippen, die sich zurückziehen, wenn die Schnecke frisst, im Mund sitzt die Radula, ein zungenähnliches, mit Zahnreihen besetztes Organ, mit der die Schnecke bei der Nahrungsaufnahme die Oberfläche eines Blattes abraspeln kann. Hinter dem Mund befindet sich die Schleimdrüse, die den zur Fortbewegung dienenden Schleim absondert.

Der Mantel besteht aus einer dickeren Haut als der Rest des Körpers. Er enthält auch das Atemloch der Schnecke, auch Pneumostom genannt, das sich auf der rechten Seite des Mantels befindet und sich zur Luftversorgung öffnet und schließt. Wie Menschen haben Nacktschnecken ein Zwerchfell, eine Schicht aus Muskeln am Fuße des Atemloches, die das Ein- und Auspumpen der Luft unterstützt. Droht Gefahr, können sie den Rest ihres Körpers unter den schützenden Mantel ziehen. Bei Gehäuseschnecken wird der Mantel von dem Gehäuse bedeckt.

Der Rumpf liegt unter dem Mantel und beherbergt die meisten Organe der Nacktschnecke: das Herz, die Niere (Nacktschnecken haben nur eine) und das Verdauungs- und Fortpflanzungssystem. Nacktschnecken sind Hermaphroditen: Bei der Paarung wickeln sie sich umeinander und tauschen durch ihre herausragenden Geschlechtsteile Sperma aus.

Der „Fuß" umfasst die gesamte Unterseite der Nacktschnecke und besteht fast ganz aus Muskeln. Durch seine Zusammenziehung und Entspannung wird die Schnecke nach vorne geschoben. So können sich Nacktschnecken nur in eine Richtung bewegen, sie haben keinen Rückwärtsgang.

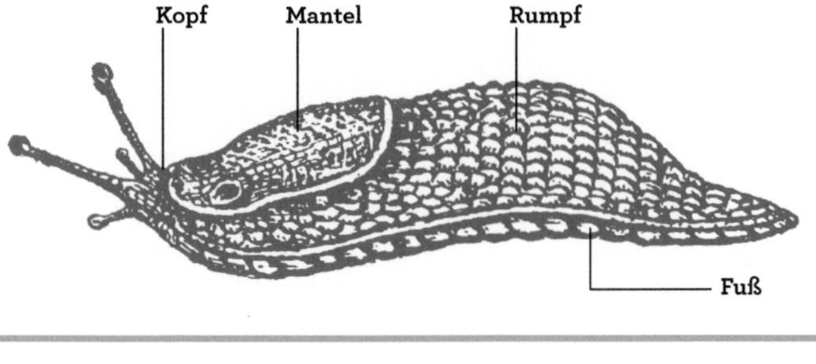

Wo verbringen Bienen den Winter?

DAS HÄNGT VON DER ART DER BIENE AB. In einem typischen Sommer sind in einem Garten sechs bis zehn verschiedene Arten anzutreffen. Es ist meistens eine Mischung aus in Bienenkörben lebenden Honigbienen, Hummeln, die sich zu kleinen Kolonien zusammenschließen und Solitärbienen, die, wie der Name schon sagt, alleine leben.

Den Winter verabschieden

Honigbienen benötigen Nahrung im Winter und nutzen deshalb entweder ihre Honigvorräte oder, wenn der Imker den Honig entfernt hat, ernähren sie sich von der Bienensüßigkeit, nämlich der Zuckerlösung, die sie als Ersatz zurückbehalten haben. Bei niedrigen Temperaturen lassen die sich in Gruppen angeordneten Bienen ihre Flügelmuskeln vibrieren, um sich warmzuhalten.

Hummeln hingegen leben in unterirdischen Nestern, größtenteils von unfruchtbaren Arbeiterinnen. Wenn der Winter naht, schlüpfen sowohl die fruchtbaren Weibchen als auch die Männchen und verlassen das Nest.

Honigbiene
(Apis mellifica)

Im Winter bleiben Honigbienen in ihren Körben, wo sie sich zusammenscharen, um sich zu wärmen. Die Königinnen der Hummeln suchen einzeln Zuflucht unter der Erde, während Solitärbienen sich in einem selbst gebauten Unterschlupf verstecken, bis es wieder wärmer wird.

Die unfruchtbaren Weibchen in der verlassenen Kolonie sterben zu Ende des Sommers. Die Königinnen werden kurz nach Verlassen des Nestes befruchtet, wonach die Männchen auch sterben. Die schwangeren, gut ernährten Königinnen suchen jede für sich unter der Erde einen Unterschlupf, wo sie bis zum Frühjahr überwintern.

Solitärbienen haben weder eine Kolonie noch einen Bienenkorb. Diese effizienten, kleinen Bestäuber harren den Winter über in Erdlöchern oder Tunneln aus und tauchen im Frühjahr wieder auf, um bei steigenden Temperaturen den Zyklus von Ernährung und Fortpflanzung erneut zu beginnen.

Muss Rasen aus Gras bestehen?

Gras ist das erste, woran wir denken, wenn wir das Wort „Rasen" hören. Gras ist eine tolle Oberfläche für Sport und Unterhaltung, oder einfach, um darauf zu liegen. Gras hat eine Unempfindlichkeit gegenüber den Attacken grasender Tiere herausgebildet, was die Pflege verhältnismäßig einfach macht (obwohl die Schönheit einer mit Hingabe gepflegten Rasenfläche für Bowling immer schwierig aufrechtzuerhalten sein wird).

Zwei herkömmliche Alternativen

Rasen mit Kamille sind seit mindestens vier Jahrhunderten eine beliebte Option in Westeuropa. Die Römische Kamille (Chamaemelum nobile) ist eine niedrigwachsende immergrüne Staude. Sie ist dunkelgrün und duftet lieblich, wenn sie zerbröselt wird. Jedoch ist sie nicht sehr widerstandsfähig, so dass Trittsteine notwendig sind, um sie regelmäßig überqueren zu können. Die blütenlose Zwergform „Treneague" eignet sich am besten für die Rasengestaltung.

Kleerasen sind sehr einfach anzupflanzen, da viele Kleearten, wie zum Beispiel Wiesenklee (Trifolium), naturgemäß kriechende Pflanzen und widerstandsfähig gegenüber Grasen und Mähen sind. Klee ist auf natürliche Art nachhaltig: Er kann Stickstoff aus der Luft aufnehmen und braucht daher nur eine geringe Menge Phosphor und Kalium enthaltenden Düngers.

A Gras ist nicht die einzige Pflanze, die einen Rasen ergeben kann: Einige andere niedrigwachsende Pflanzen können zwangsrekrutiert werden. Die Alternativen sind zwar hübsch, jedoch nicht so robust wie ein Grasrasen.

Sein wesentlicher Nachteil besteht darin, dass bestimmte Schädlinge und Krankheiten den Boden „kleeresistent" machen können, so dass der Klee nicht gut gedeihen kann.

Grasrasen sind in letzter Zeit auch aufgrund ihrer geringen Biodiversität und ihrer hohen Umweltbelastung im Blick auf Düngen, Mähen und Bewässerung in die Kritik geraten. Der Gärtner der Zukunft wendet sich vielleicht Alternativen zu: gemischte Gesellschaften niedrigwachsender Pflanzen, die nicht viel Pflege bedürfen, Biodiversität begünstigen und attraktiv für die Tier- und Pflanzenwelt sind.

Niedrigwachsender Thymian, wie zum Beispiel der Sand-Thymian (Thymus serpyllum), bildet bezaubernde, wohlduftende Blütenteppiche aus.

Was ist die Lieblingsnahrung von Vögeln?

WAS FRISST EIN VOGEL AM LIEBSTEN? Nun, wie Sie sich bestimmt denken können, hängt das von dem Vogel ab. Der British Trust for Ornithology (Britische Gesellschaft für Ornithologie; BTO) hat einige Studien durchgeführt, die den Wert unterschiedlicher Nahrung für die verschiedenen Bedürfnisse der Arten verdeutlichen. Diese Erfordernisse wechseln mit den Jahreszeiten.

Wilde Gartenvögel (Wir reden hier nicht über Emus oder Geier) haben einen umfangreichen Speisezettel. Die meisten können es sich nicht leisten, wählerisch zu sein, aber ein Hinweis für die Nahrung, die ihnen besonders zusagt, findet sich in der Form ihres Schnabels.

Alles im Schnabel

Ein schmaler, kurzer Schnabel wie der einer Blaumeise eignet sich hervorragend, um Insekten aufzupicken, während ein Spatz einen kurzen, aber breiten Schnabel hat, mit dem er Samen und Körner aufnehmen und auseinanderpflücken kann, um an den Kern zu gelangen. Stare hingegen sind besonders flexibel bei ihrer Nahrungsauswahl und haben Schnäbel, die beinahe wie eine aktive Springfeder wirken. Wenn der Boden weich und feucht ist, bohren sie mit ihren Schnäbeln ein Loch in die Erde und schauen hinein, ob es dort leckere Würmer oder Maden zu fressen gibt. Ist der Boden im Winter hart und die Schnabel-Loch-Methode nicht anwendbar, begnügen sich die Stare mit Beeren, Nüssen und Körnern.

Spatz
(Passer domesticus)

Leckerbissen für Vögel

Bei all dem ist es nicht überraschend, dass Vögel eine breite Palette an schmackhaften Dingen auf ihrer Speisetafel vorfinden. Besondere Leckerbissen, die Sie zudem anbieten können, sind unter anderem Sonnenblumenkern-Herzen (die reich an Öl und Proteinen und leichter zu erreichen sind als die geschälten Sonnenblumenkerne) sowie Mehlwürmer (die Larven des Mehlkäfers, getrocknet oder frisch in Zoohandlungen erhältlich) und Meisenknödel (eine köstliche Mischung aus Fett und Samenkörnern, der nur wenige Vögel widerstehen können).

ZUBEREITUNG EINES MEISENKNÖDELS

Stellen Sie diese Knödel bei Bedarf her (frisch sind sie besser), und Sie können sich auf viele verschiedene Besucher in Ihrem Garten freuen.

Sie benötigen:

- eine Mischung aller oder einiger der folgenden trockenen Zutaten: ungesalzene Erdnüsse ohne Schale, Kanariensaat, Trockenfrüchte, getrocknete Mehlwürmer (in Zoohandlungen erhältlich), Müsli, Haferflocken, gehackte Walnüsse
- Schweineschmalz oder Rindertalg
- leere Eiscreme-, Margarine- oder Joghurtbecher (Nehmen Sie schmale, so dass Sie sie „aufknacken“ können).
- Schnur

Aufgebrochene Erdnüsse

Getrocknete Mehlwürmer

1 Bohren Sie jeweils ein Loch in den Boden von zwei Bechern, so dass eine Schnur hindurchpasst.

2 Fädeln Sie von oben jeweils eine Schnur von 1 Meter Länge durch das Loch und machen Sie auf der Außenseite des Bodens einen festen Knoten.

3 Schmelzen Sie das Schweineschmalz oder den Rindertalg in einer Pfanne bei geringer Hitze.

4 Nehmen Sie die Pfanne von der Herdplatte und mischen Sie die trockenen Zutaten unter. Es sollte genug Fett enthalten sein, damit eine feste Masse entsteht.

5 Drücken Sie die Masse um die Schnur herum in die Behälter und lassen Sie sie im Kühlschrank fest werden.

6 Ist die Masse hart, schneiden oder brechen Sie die Behälter auf und ziehen Sie die Meisenknödel heraus.

7 Hängen Sie die Meisenknödel an der Schnur im Garten auf.

Stellen Sie auch Wasser bereit, so dass die Vögel nicht nur fressen, sondern auch trinken können.

Wieso ist mein Kompost warm?

EIN WARMER KOMPOSTHAUFEN ist ein glücklicher Komposthaufen: Wärme ergibt besseren, sich rascher bildenden Kompost. Der Zerfall des holzigen Materials setzt Energie frei, genau wie brennendes Holz in einem Feuer, obwohl das „Brennen" viel langsamer erfolgt und ein chemischer Prozess ist, nämlich mittels Enzyme abgebender Mikroorganismen, und nicht durch direkte Verbrennung.

Zum Glück werden Komposthaufen für gewöhnlich nicht heiß genug, um in Brand zu geraten. Eine richtige Mischung ihres Inhalts ist wesentlich, damit sie ein gutes Ergebnis produzieren können. Stroh und Laub eignen sich gut sowohl für Komposthaufen als auch -behälter, wobei auf zu viel Holzmaterial verzichtet werden sollte. Die Mischung benötigt etwas Feuchtigkeit und Stickstoff, damit die chemischen Prozesse in Gang gesetzt werden. Eine optimale Mischung besteht typischerweise aus ungefähr 20 bis 30 Teilen Kohlenstoff auf ein Teil Stickstoff (bei Heu ist dieses Verhältnis naturgemäß gegeben, so dass es ein guter Kompostzusatz ist, wohingegen das Verhältnis bei Stroh ungefähr 80 Teile Kohlenstoff auf ein Teil Stickstoff und bei Rasenschnitt circa 19 Teile Kohlenstoff auf ein Teil Stickstoff beträgt). Vermengte Bestandteile, von denen die einzelnen Teile in nicht zu hoher Menge enthalten sind, ergeben den besten Kompost; ein Aufhäufen aller Bestandteile auf den Komposthaufen oder in den Kompostbehälter zur selben Zeit ist ebenso nützlich, da dies die Wärme aufrechterhält. Scheint der Kompost sehr langsam zu „gehen", können Sie den gesamten Haufen ausgraben oder den Behälter leeren, den Kompost gründlich durchmengen und ihn wieder an der alten Stelle platzieren. Das Vermischen lässt die bei der Zersetzung des Komposts entstehende Hitze wiederaufleben und gibt ihr einen Schub, so dass der Prozess beschleunigt wird.

> Wenn sich Mikroorganismen das kohlenstoffreiche, organische Material im Kompost vornehmen, erzeugen sie Wärme. Obwohl natürliche Oxidation sanft abzulaufen scheint, können im Innern des Komposts recht hohe Temperaturen entstehen.

Kompostorganismen

Verschiedene Arten von Bakterien und Mikroorganismen arbeiten zu verschiedenen Zeiten in Ihrem Kompost. Für den kühlen Zustand des Komposts sind dieselben Bakterien und Pilze verantwortlich, die in Ihrem Garten den Zerfall veranlassen. Das Aufheizen jedoch erfolgt durch mesotherme Bakterien (jene, die bei einer Temperatur von 21-32 °C funktionieren) und bei weiter steigenden Temperaturen durch thermophile Bakterien (bei 40-90 °C).

ANLEGEN EINES MISTBEETES

Viktorianische Gärtner nutzten die durch Mistbeete erzeugte natürliche Hitze, um Frühkulturen wie Gurken, Salat und Rettich und manchmal empfindliche Feldfrüchte wie Melonen anzupflanzen.
Wenn Sie auch ein Mistbeet anlegen wollen, benötigen Sie einen Frühbeetkasten und eine lichte Fläche, die etwas größer als das Beet ist.

Zuckermelonen ***(Cucumis melo)***

Die Basis des Mistbeetes muss 1 Meter hoch sein und aus einer Mischung aus Stroh, Laub und Dünger bestehen. Häufen Sie alles aufeinander auf und überlassen Sie es dem Zerfall (zuerst wird der Kompost stark nach Ammoniak riechen, aber bald wird er sich zu einem warmen Gärmittel zersetzen und angenehmer riechen). Nachdem er sich zersetzt hat und nur noch „erdig" und nicht mehr intensiv riecht, verteilen Sie eine 30 cm dicke Schicht Erde darauf. Dies ist die Pflanzschicht. Säen Sie Samen oder setzen Sie kleine Pflanzen in diese Schicht und legen Sie den Frühbeetkasten darüber. Mit den richtigen Kulturpflanzen stellt die natürliche Wärme des Beetes unter der Erdschicht schnelles Wachstum und einen hohen Ertrag sicher.

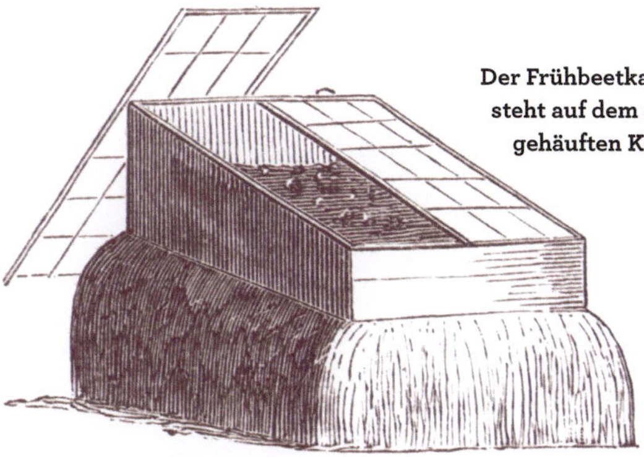

Der Frühbeetkasten steht auf dem aufgehäuften Kompost.

Wird man mit Bier Schnecken los?

SCHNECKEN LIEBEN BIER. Das liegt nicht an ihrer Vorliebe für Alkohol – nichtalkoholisches Bier sagt ihnen nachweislich ebenso zu –, sondern der Geruch und Geschmack der gärenden Hefe und Zuckersorten zieht sie an. Sie sind auch auf den Geruch und Geschmack gärender Früchte erpicht.

Die Verwendung von Bierfallen

Bierfallen nutzen die natürliche Vorliebe der Schnecken für dunkle, feuchte Zufluchtsorte und das Vorhandensein gärender Substanzen aus. Sie können selbst welche herstellen oder sie fertig im Handel kaufen. Es scheint keine besonders effektive Ausgestaltung zu geben, sie funktionieren alle auf dieselbe Weise: Sie locken die Schnecke in ein Gefäß, dessen Boden mit etwas Bier bedeckt ist und aus dem sie sich nicht befreien kann, sondern schließlich ertrinkt. Theoretisch dezimieren mehrere Fallen auf effiziente Weise die Schneckenpopulation in Ihrem Garten, aber es ist unklar, ob dies wirklich so geschehen wird. Sie können jedoch Bierfallen als Anhaltspunkt verwenden, um herauszufinden, wie groß Ihr Schneckenproblem ist. Ist es schwerwiegender als befürchtet, können Sie eine tödlichere Methode anwenden, wie zum Beispiel parasitäre Nematoden.

A

Bier scheint Schnecken keinen großen Schaden zuzufügen: Als Bekämpfungsmaßnahme ist es also nicht sehr geeignet. Jedoch können Sie es in Schneckenfallen füllen, so dass Sie die Schnecken loswerden und einen relativ schmerzlosen Tod für sie sicherstellen können.

HABEN SCHNECKEN EIN LIEBLINGSBIER?

Einem in Amerika durchgeführten Forschungsexperiment zufolge mögen Schnecken anscheinend bestimmte Biere lieber als andere. Budweiser scheint ihnen weniger zu schmecken als andere Marken, vielleicht deshalb, weil sich die für die Gärung verantwortlichen Substanzen stark in den verschiedenen Bieren unterscheiden. Reicht eine einzige Bierfalle nicht aus, probieren Sie verschiedene Biermarken in den Fallen aus.

Woher weiß man, ob ein Teich gesund ist?

AUF NATÜRLICHE WEISE entstandene Teiche sind generell gesund und ausgewogen, sofern sie nicht mit Schadstoffen verunreinigt werden oder übermäßig viele Nährstoffe enthalten. Wind auf der Wasseroberfläche fügt Sauerstoff hinzu, und dieses mit Sauerstoff angereicherte Wasser unterstützt ein Ökosystem, das autark ist und das Wasser gesund hält. Künstlich geschaffene Teiche jedoch leiden oft an künstlich geschaffenen Problemen.

Symptome für krankes Wasser

Sterben Fische in einem Gartenteich, liegt es oft an dem Wasser und nicht an den Fischen. Eine zu geringe Wassertiefe im Teich kann Stress bei den Fischen auslösen. Ein Testkit oder ein Experte für Gartenteiche gibt hilfreiche Hinweise, wie das Teichwasser fisch-freundlich gehalten werden kann.

Zu viele Teichalgen oder Wasserlinsen (Lemna) sind auch ein Anzeichen für krankes Wasser. Helfen kann hier eine Reduzierung der Fische, das Setzen von Schwimmblattpflanzen, die die Algen „in den Schatten stellen“ sowie die Vermeidung von Dünger in Teichrandnähe. Auch kann der Teich zu flach sein. Dies ist nicht so leicht zu lösen. Oftmals werden vorgefertigte Teiche mit festgelegter Tiefe errichtet. Bilden sich Algen oder Wasserlinsen erneut, entfernen Sie die Ummantelung und heben Sie den Teich tiefer aus.

Zu bestimmten Zeiten im Jahr scheint der Teich unbelebt zu sein. Dies kann jahreszeitenbedingt sein, denn Teiche im Winter sind oft dunkel und machen einen toten Eindruck, aber es kann auch ein schlechtes Zeichen sein. Eine übermäßig große Menge an faulendem Laub im Teich kann zu zeitweiliger Leblosigkeit führen, und Schatten verringert die Bioaktivität des Teiches.

Übermäßig viele Algen oder Wasserlinsen (Lemna) im Teich sind Anzeichen für krankes Wasser. Sterbende Fische deuten auch darauf hin, und eine geringe biologische Aktivität insgesamt ist für gewöhnlich auch ein Warnzeichen.

▶ Die Kleine Seerose (Nymphaea candida) gedeiht sowohl in Fässern und Wannen als auch in Teichen, wo sie unansehnliche Algen zurückdrängt.

Wie zieht man Schmetterlinge an?

SCHMETTERLINGE SIND WILLKOMMENE BESUCHER IM GARTEN. Immer in Bewegung, sind sie fortwährend auf der Suche nach Futterpflanzen, auf denen sie ihre Eier ablegen können. Und um aktiv zu sein, benötigen sie jede Menge Flugtreibstoff in Form von zuckrigem Blumennektar. Ein schmetterlingsfreundlicher Garten ist nicht schwer zu kreieren: Finden Sie heraus, welche Pflanzen sie bevorzugen, und Ihnen sind praktisch gute Ergebnisse garantiert.

Das Geheimnis ist nicht nur der Zauber der Botanik. Als Unkraut angesehene Pflanzen sind manchmal besonders attraktiv für Schmetterlinge. Wenn Sie eine schattige Ecke haben, wo Unkraut nicht zu viel Unheil anrichten kann, können Sie sehr gut brennende Nesseln, wie die Große Brennnessel (Urtica dioca), anpflanzen. Mehrere Schmetterlingsarten werden von ihr angezogen, unter anderem Tagpfauenauge, Admiral, C-Falter und Kleiner Fuchs. Faulbaumbläulinge hingegen ernähren sich von Efeu (Hedera).

Schmetterlinge unterschiedlicher Arten lockt man am besten mit vielen verschiedenen nektarreichen Blumen an. Je größer also die Auswahl ist, desto mehr verschiedene Schmetterlinge finden sich wahrscheinlich in Ihrem Garten ein.

Schmetterlingsflieder (*Buddleja davidii*)

Der Nachteil

Wenn die Raupen aus den Eiern des Schmetterlings oder der Motte schlüpfen, fügen sie gelegentlich ihren Nährpflanzen erheblichen Schaden zu. Der wandernde Distelfalter verhält sich so, indem er einige Jahre lang die Strohblume verwüstet (die beliebte, silberblättrige Gartenpflanze), bevor er sich wieder auf den Weg zurück nach Afrika macht. Der Schaden ist jedoch selten fatal, so dass man ihn idealerweise gewähren lassen sollte. Die Anzahl der Schmetterlinge und Motten ist in den letzten 40 Jahren um ungefähr 75 Prozent gesunken, sodass diese wunderschönen und wichtigen Geschöpfe alle verfügbare Hilfe benötigen. Zu deren Schutz versprühen Sie keine Insektizide, da blühende Nachbarpflanzen einschließlich Unkraut ebenfalls betroffen wären. Er ist auch für Schmetterlinge tödlich.

LIEBLINGSPFLANZEN VON SCHMETTERLINGEN

Die 13 beliebtesten Pflanzen für ein Höchstmaß an Zufriedenheit:

- Brombeere (Rubus fruticosus)
- Schmetterlingsflieder (Buddleja davidii)
- Dahlie (einblütig; Dahlia)
- Grüne Minze (Mentha spicata)
- Goldrute (Solidago)
- Heidekraut (Calluna vulgaris)
- Heide: eine Form von Heideland (Erica, Daboecia cantabrica)
- Fetthenne (Sedum spectabile)
- Lavendel (Lavandula)
- Große Sterndolde (Astrantia major)
- Duftnessel (Agastache foeniculum)
- Thymian (Thymus)
- Eisenkraut (Verbena bonariensis)

Heidekraut (*Calluna vulgaris*)

Dahlie (*Dahlia*)

Große Sterndolde (*Astrantia major*)

Ein Hinweis für faule Gärtner, die Unkraut jäten hassen: Zum Glück ist der Löwenzahn (Taraxacum officinale) reich an Nektar, und Schmetterlinge lieben ihn.

Schwalbenschwanz (*Papilio machaon*) auf einem Löwenzahn (*Taraxacum officinale*)

Wie lange braucht eine Schnecke, um in meinen Garten zurückzukehren?

ES IST SCHWIERIG, SCHNECKEN AUFZUSPÜREN. Sie bewegen sich nachts fort, oft unterirdisch, und es ist schwer, sie voneinander zu unterscheiden. Die Frage, ob eine 20 Meter von ihren heimischen Gefilden entfernt aufgehobene Schnecke (oder, je nach Meinung der Gärtner über Schnecken, auch geschleuderte) zurückkehren wird, ist also schwierig zu beantworten.

Trotz der Schwierigkeit, Schnecken als Probanden zu verwenden, haben patente Wissenschaftler herausgefunden, dass sie pro Nacht eine Entfernung von vier bis 12 Metern zurücklegen können, je nachdem, wie hungrig sie sind und wie der Boden unter ihnen beschaffen ist.

Nackt- und Gehäuseschnecke, Schildkröte und Hase?

Nacktschnecken sind viel langsamer als Gehäuseschnecken. In Vergleichsversuchen bewegten sich Gehäuseschnecken mindestens zweimal so schnell wie Nacktschnecken. Nachdem das Tempo mehr oder weniger festgelegt worden ist, geht es darum, ob sie tatsächlich wieder an ihren Startpunkt zurückkehren wollen.

Nacktschnecken sind nicht bekannt dafür, an bestimmten Territorien zu hängen (wohingegen viele, aber nicht alle Gehäuseschnecken oft ein natürliches Heimfindevermögen zu haben scheinen). So würden Nacktschnecken, auch wenn sie es könnten, vielleicht nicht zurück nach Hause wollen. Sie scheinen lieber den Schleimspuren anderer Weichtiere zu folgen. Dies könnte ein Anzeichen dafür sein, dass sie in ein Gebiet zurückkehren, wo viele andere Nacktschnecken sind und das deshalb wahrscheinlich günstige Bedingungen bereithält.

Es gibt viele verschiedene Nacktschnecken, so dass eine Identifizierung jeder Art eine eingehende, mikroskopische Untersuchung ihrer Fortpflanzungsorgane erfordert.

Schmecken Kompostwürmer schlecht?

WIR SEHEN AMSELN UND ROTKEHLCHEN IM GARTEN ZU, wie sie Regenwürmer genüsslich verspeisen. Wenn es einen Überschuss an Kompostwürmern (die langen, dünnen, roten Würmer, die die Hauptstütze in Kompostbehältern und Wurmkästen sind) gibt und einige wenige nach der Vogelmahlzeit übrig bleiben, haben die Vögel sie dann verschmäht?

Abgesehen von einer Kostprobe ist es schwierig zu wissen, ob Kompostwürmer schlecht schmecken. Sie sondern jedoch ein übelriechendes Sekret ab, wenn sie grob behandelt werden, wahrscheinlich zur Verteidigung. Deshalb mögen Vögel sie wohl nicht besonders.

Sogar der lateinische Name für Kompostwürmer, Eisenia foetida, weist darauf hin, dass sie schlecht riechen, und es macht Sinn für im Kompost verweilende Würmer, eine Methode der Selbstverteidigung zu haben, da das weiche Kompostmaterial leicht von Vögeln und anderen Räubern zu unterhöhlen ist. Dennoch stören Vögel für gewöhnlich nicht Komposthaufen, während Rasenstücke und offener Boden, die von Engerlingen, Regenwürmern, Larven und Drahtwürmern bevölkert sind, intensiv von sowohl Vögeln als auch anderen Tieren besucht werden, die begeistert nach solchen Delikatessen wühlen. Das Urteil muss dahin gehend ausfallen, dass Kompostwürmer nicht gut genug schmecken, so dass es sich nicht lohnt, danach zu graben.

KOMPOSTWÜRMER SCHMACKHAFT MACHEN

Kompostwürmer werden als proteinreiches Futter für Hühner, Schweine und andere Nutztiere verwendet. Beim Waschen, Trocknen, Kochen und Mahlen werden vermutlich alle unangenehm schmeckenden Bestandteile entfernt. Vielleicht reicht es aus, Kompostwürmer zu waschen, um sie für Wildvögel schmackhaft zu machen. Beim nächsten Überschuss an Würmern im Komposthaufen oder Wurmkasten wäre es einen Versuch wert.

Müssen meine Obstbäume zurückgeschnitten werden?

ALLE BÄUME NEIGEN NATURGEMÄSS ZU BLÜTE UND FRUCHTAUSBILDUNG, und auch ohne Beschneiden haben Besitzer von Obstbäumen einen Ertrag. Jedoch können ein Unterlassen und eine ausbleibende allgemeine Pflege zu extrem unregelmäßigem Ertrag führen, und nachlässiges Zurückschneiden kann eine merkwürdige oder unregelmäßige Fruchtverteilung zur Folge haben.

Bäume in der Wildnis

Nicht kultivierte, sondern in der Wildnis wachsende Bäume wenden alle möglichen Strategien an, um auszusäen, und einige dieser Strategien werden definitiv nicht von Obstbauern gebilligt, wie zum Beispiel in einem Jahr ein üppiger Ertrag, gefolgt von einer spärlichen Ernte im Jahr darauf, eine Tendenz zum Großwuchs (um konkurrierende Vegetation zu beschatten) und die Neigung, viele kleine Früchte anstatt einer kleinen Anzahl an großen Früchten hervorzubringen.

> Wohlüberlegtes Zurückschneiden ist definitiv lohnenswert, so dass die Energie eines Baumes auf einen regulären und üppigen Ertrag gerichtet wird, aber es ist eines der Verfahren, das unerfahrene Obstbauern sehr nervös macht.

Werden Bäume als Nutzpflanzen angebaut, können sie einige der Eigenschaften aus der Wildnis beibehalten, zum Teil deshalb, weil sie im Vergleich zu kleineren Pflanzen sehr langsam wachsen. Es kann 25 Jahre dauern, bis ein Obstbaum gemessen und ausgewählt wird sowie geeignete Kreuzungen vorgenommen werden, und weitere 25 Jahre, bis der Wert dieser Kreuzungen geprüft werden kann. Während dieser Zeit entfernen sich jedoch die Obstbäume in ihren Gewohnheiten nicht sehr weit von denen ihrer wilden Verwandten.

Das Zurückschneiden dient dazu, diesen überflüssigen, im Obsthain nicht benötigten Überlebenstaktiken zu begegnen, denn unter diesen Anbaubedingungen liegt es in der Verantwortung des Obstbauern und nicht des Baumes, diesen vor Konkurrenz zu schützen und Fortpflanzung sicherzustellen. Und Beschneiden ist fast immer erforderlich, um das Beste aus Obstbäumen herauszuholen.

Sollen nur die dünnsten Triebe abgeschnitten werden, empfiehlt sich eine Baumschnittsäge für einen sauberen Schnitt an engen Stellen.

OPTIMALES BESCHNEIDEN

Große Obstbäume werden gefördert und ertragreich, indem jedes Jahr ein Teil der alten Äste herausgesägt wird. Dies gewährleistet eine konstante Bereitstellung von starken Ästen mit genug Platz. Dafür werden sie größere Früchte tragen, da sie in viel zugänglichem Sonnenlicht reifen können und die schönste Farbe und den besten Geschmack erreichen.

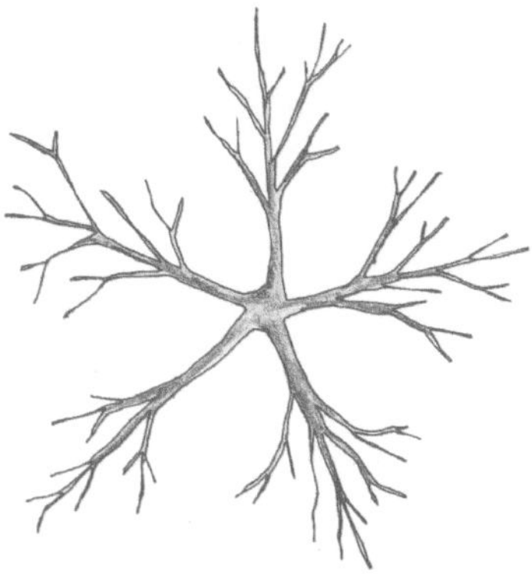

Streben Sie diese Ausgestaltung der Äste an...

und vermeiden Sie diese Ausgestaltung.

Die Größe der Bäume wird für gewöhnlich durch Zurückschneiden im Sommer reduziert. Das Wegschneiden von starken, grünen Trieben braucht die Ressourcen des Baumes auf und bremst so sein Wachstum. Das Zurückschneiden im Sommer kann auch als Gegenmaßnahme für blattreiche Triebe angewandt werden, wodurch die Produktion von Blütenknospen gefördert wird. Einem übermäßigen Blütenstand kann man jedoch begegnen, indem man im Frühjahr einige der blühenden Triebe herausschneidet und so den Zyklus von Jahren mit vielen Früchen und Mangeljahren mit gering ausfallenden Ernten vermeidet.

Bei Apfel- (Malus) und Birnbäumen (Pyrus) ist ein Zurückschneiden problematisch, da die Produktion solch großer und ressourcenintensiver Früchte ihre Bäume unter Stress setzt. Bäume mit kleineren Früchten, wie zum Beispiel Kirschen und Pflaumen (Prunus), erfordern typischerweise ein viel geringeres Zurückschneiden.

Breitet Rost sich aus?

WENN SIE IHRE GARTENWERKZEUGE vor dem Wegräumen zu Beginn des Winters nicht sorgfältig gereinigt und eingeölt haben, ist Rost das unliebsame Ergebnis, wenn Sie sie im Frühjahr wieder hervorholen. Nicht nur das, sondern der Rost scheint sich nicht nur auf einem Gartengerät, sondern auf allen angesammelt zu haben.

Rost ist eine Reaktion von Eisen und Sauerstoff unter Vorhandensein von Wasser. Das Ergebnis ist eine rote, pudrige Schicht aus Eisenhydroxid. Die Werkzeuge werden durch den Rost schnell zerstört, da die rostige Oberfläche sich ausdehnt und abblättert, was zur Abnutzung des Eisens führt. Andere Metalle, beispielsweise Aluminium und Kupfer, bilden eine panzerartige Oxidschicht, die das darunterliegende Metall schützt, während rostfreier Stahl, auch eine Eisenlegierung, rostbeständig ist, jedoch mit dem Nachteil, dass er nicht so hart wie andere Stahlsorten ist.

A

Obwohl es den Anschein hat, breitet sich Rost nicht aus. Es ist eine chemische Reaktion und keine biologische Infektion. Jedoch vermittelt eine Sammlung von Gegenständen aus Eisen in feuchter Umgebung den Eindruck, dass ein Ausbruch von Rost vorliegt.

Vermeidung von Rost

Die meisten modernen Gartenwerkzeuge sind aus rostfreiem Stahl gefertigt, galvanisiert (also mit Zink, einem rostfreien Metall, beschichtet) oder mit einer Schicht aus Plastik versehen, so dass Rost kein großes Problem darstellt. Aus Eisen oder Stahl hergestellte Werkzeuge sollten nach Gebrauch gesäubert, abgetrocknet und in einem gut gelüfteten Lager aufbewahrt werden. Ist der Aufbewahrungsort feucht, hält eine Schicht aus Mineralölspray auf den Werkzeugen das Wasser fern und schützt das Metall.

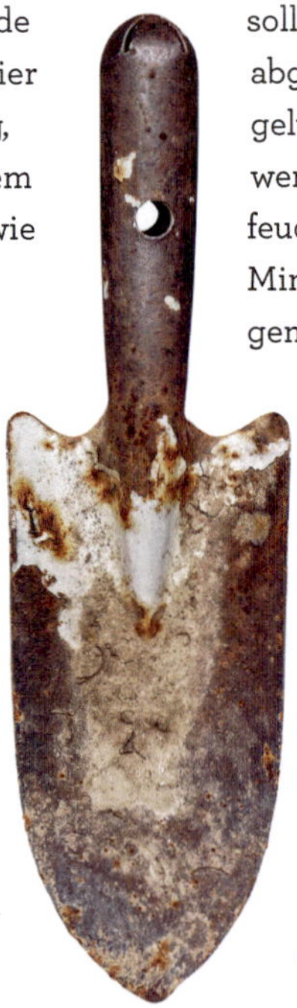

Es gibt noch weitere Schutzmaßnahmen. Werden galvanisierte oder Plastikoberflächen beschädigt, können sie mit zinkhaltiger Farbe angestrichen werden, um eine weitere Beeinträchtigung zu verhindern. Ebenso sind andere Farben zur Nachlackierung, die Rost eindämmen, erhältlich.

F Wieso fressen Schädlinge meine Lieblingspflanzen, verschonen jedoch Unkraut?

ES IST FRUSTRIEREND: Sie haben eine oder zwei Wochen lang nicht ordentlich gejätet, und der Garten hat viele Besucher von der Sorte, auf die Sie gut verzichten können, zum Beispiel der Gewöhnliche Löwenzahn (Taraxacum officinale) oder die Gewöhnliche Vogelmiere (Stellaria media). Wenn Sie jedoch Ihre Beete überprüfen, haben sich Ihre Vorzeige-Dahlien auf filigrane Fetzen reduziert. Wieso konnten sich die Schädlinge nicht auf den Löwenzahn konzentrieren?

Überwindung von Resistenz gegenüber Krankheiten

Der Grund, wieso Unkraut so widerstandsfähig gegenüber Schädlingen ist, ist Gegenstand vieler wissenschaftlicher Untersuchungen. Aufgrund von umwelt- und gesundheitsrelevanten Bedenken werden Unkrautvernichtungsmittel immer weniger akzeptiert und so liegt eine mögliche Lösung in biologischen Kontrollen. Dies bedeutet, dass eine unerwünschte Pflanze mit einer Krankheit infiziert oder mit einem Schädling verseucht werden könnte; die Herausforderung besteht darin, den Widerstand des Unkrauts gegenüber natürlichen Feinden zu überwinden.

A

Definitionsgemäß hat Unkraut sich dahingehend entwickelt, alle Arten von feindlichen Bedingungen im Garten zu überleben. So ist es gegenüber Schädlingen und Krankheiten unempfindlich. Deshalb werden diese Pflanzen Unkraut genannt.

NICHTHEIMISCHES UNKRAUT UND UNNATÜRLICHE FEINDE

Die vielversprechendsten Ergebnisse kamen aus Tests mit „fremden" Pflanzen, bei denen sich, seit vielen Generationen von den Feinden ihres Heimatlandes entfernt, ihre Widerstandskraft verringert hat. Der Japanische Staudenknöterich (Fallopia japonica) zum Beispiel ist ein berüchtigtes Unkraut, das mittels natürlicher Schädlinge und Krankheiten in seinem Heimatland in Schach gehalten wird, in neuer Umgebung aber aufgrund des Fehlens dieser einheimischen Feinde gedeiht. Führen Sie dem Japanischen Staudenknöterich jedoch einige Jahre später einen Schädling aus seiner heimischen Umgebung zu, ist er erneut verletzlich und unterliegt, da er seine natürliche Widerstandskraft verloren hat.

Stichwortverzeichnis

A

Absenkung 114, 125

Äpfel 68-69, 85, 121

Überfluss und Knappheit 84, 85

Veredlung 69

Zurück-schneiden 215

Algen 14-15, 209

Apikaldominanz 36-37

Auslichten 36-37, 85, 214-215

Ausflockung 143

Aussaat, ruhende 181

Australian National Herbarium 16

B

Bäume

alte ~ 33

Alter von ~n 18-19, 32-33

Auslichten von Obstbäumen 214-215

Behalten/Abwerfen der Blätter 160- 161, 166-167

und Dunkelheit 185

fallende Bäume 108-109

und Feuer 113

Fortpflanzungs-zyklus 84-85

Größe von ~n 12-13

Konkurrenz zwischen ~ 121

Nadeln 52

Ort zum Anpflanzen eines ~ 13

Pflanztiefe 115

und Pilze 50, 103, 140-105, 116

und Sträucher 41

und Stümpfe 116-117, 130

und Stürme 108

und Swimming-pools 110

tote ~ 102-103

Wachstumsrate 34

Wasserverbrauch 110-111, 175

Wurzelsystem 8, 99, 106, 108

Bambus 86-87

Banyan-Feige 148

Beeren 79

Beete und Rabatte 191

Befruchtung

und Fremdbestäu-bung 70

Bestäuber 67, 74, 77, 80, 81, 88, 91, 92, 94, 202

Bewässerungssysteme und Samenverbrei-tung 63

und Salz 127

Bienen

und Blumen 74-75, 89

im Winter 202

Bier und Schnecken 208

Biodiversität 39, 49, 203

Biofumigation 134

Biokohle 150

biologische Kontrollen 217

Birnbäume 76, 114

Zurückschneiden 215

Blätter

Farben 183

Farben als Symptome 157, 164

Herbstfärbung 110, 182-183

lilafarbene Blätter 20

Blaufärbung der Blumen 90

Blumen

Bandbreite an ~ 70

Bienen und ~ 74-75

Blaufärbung der ~ 90-91

Bestäubungsstrate-gie 66, 67, 70, 74, 77, 87-89, 92, 184

Duft der ~ 77, 80

Farbspektrum 70, 77, 80, 88

gefüllte Blüte 71

Geschlecht der ~ 71, 72-73

jahreszeitliches Auftreten 184-185

Nachtblumen 74, 77, 92

Nektarproduktion 80-81

Schließen der ~ zur Nachtzeit 92-93

Blumenuhren 93

Blut, Fisch und Knochen 150-151

Boden 100

Ausgehen des Bodens 149

Auswirkungen des Austrocknens im Sommer 125

Bodenhorizont 122-123

ohne Erde gewachsene Pflanzen 138-139

und Feuer 124

Funktionen des ~s 101

Gartenerde und Topfpflanzen 137

Gesundheit des Bodens 149

Grundwasserspie-gel 119

Herstellung von ~ 142

heiße Erde und Pflanzen 165

kranker Boden 134-135

künstlicher Boden 142

leckerster Boden 140-141

~ unter dem Meer 143

und Regenwasser 100

und Salz 126-127, 138

Säure 100

Steine im ~ 107, 112
Tiere im ~ 152-153
Transformationsrate des Komposts 144-145
Unterschied zwischen Ober- u. Unterboden 122-123
Bokashi-Eimer 196
Britische Gesellschaft für Ornithologie 204
Brix-Grad 141

C

Caliche 123
Crassulaceen-Säurestoffwechsel 169
chemische Ökologie 194
Chlorophyll 52, 167, 182, 183

D

Dampfsterilisieren des Bodens 134
Darwin, Charles 96
Deckpflanzen 141
Dünger 25, 27 85, 87, 136, 151, 197
und Boden 142-143
Blut, Fisch und Knochen 150
Klee 27, 203
Zimmer- und Topfpflanzen 133, 137
und Teiche 209

E

einjährige Pflanzen, Wurzeln von ~n 118
Epiphyten 138, 148

F

F1-Saatgut
Erklärung 54-55
Farben 215
Bestäuber und ~ 74, 75
Biochemie der ~ 88, 151
Blätter 20
Blume 70, 77, 80, 88, 90-91
Einfluss des Bodens auf die ~ 8, 83
Herbstliche ~ 110, 182-183
Raupenfarben 183
~ und Pflanzenstress 157, 164
Feigenbäume 66-67
Feuer 124
Feigenwespe (Blastophaga psenes) 66
Flechten, Erscheinungsform der ~ 14
Forstkommission 19
Fotosynthese 15, 21, 36, 53, 60, 98, 179, 180

Kakteen 46
Und Feuchtigkeit 162-163
Und Sonnenblumen 82
Bäume 104, 160, 161, 175, 185
Frösche 186-187
Frost
und Blumen 92
Auswirkung auf Gemüse 176
Boden und ~ 101
~ und Pflanzen 57, 170-171, 191
Frucht und Gemüse,
Unterschied zwischen 78-79
Fruchtwechsel 134-135

G

Gartenzwerge 192-193
gebietsfremde Pflanzen 48-49, 217
Gehäuse- und Nacktschnecken 200
Gemüse 42, 141
Anbau 107, 124
und Frost 176-177
Fruchtwechsel 135
Kompost 144, 145, 196
und Obst 78
Winter 177
Geophyten 172
Gießen 131
Auswirkungen bei Unterlassen 131
bei Feuchtigkeit 162
bei Sonne 156
Wasserverbrauch bei Pflanzen 175
Zeitpunkt des Gießens wissen 157
Global Seed Vault 39
Gnome Reserve in Devon 193
Gras
Mähen 28
~ und Schnee 180-181
Wasserverbrauch 175
Gravitropismus 59
Grünkohl 177
Grundwasserspiegel 119

H

Hallimasch 50, 102, 104, 130
Herbarium der Harvard University 16
Herbst
herbstblühende Pflanzen 174
Laubfall 52, 118, 160, 161, 166, 167
Pilze 104
Pflanzenfarben 20, 110, 182, 183
Raupen 183
Samen 22, 27, 181
Spinnen 190
Heufieber 89
Hortensie, Farbe 83, 88
Hybriden 54

I

Immergrüne Bäume 52, 159, 160-161, 166
International Plant Name Index 16
Isham, Sir Charles 193

J

Japanischer Staudenknöterich 48, 49, 73, 217

K

Kakteen 46
Wasserbedarf 167, 178

Kamillerasen 203
Kartoffeln 171, 196
und Frost 176
und Schnecken 194
Kew Gardens 16
Kleerasen 203
Kohl 39, 55, 135, 177
Kohlrabi 177
Kokosnüsse 63
Kompost
heißer ~ 206
Lebensmittel und ~ 145, 196
Umwandlung in Erde 144-145
Kompostorganismen 206
Komposttee 141
Kompostwürmer 65
Geschmack der ~ 213
Kranker Boden-Syndrom 134
Kräuter
Anpflanzen von ~n 25
Duft von ~n 24-25

L

Lästiger Schwimmfarn (Salvinia molesta) 49
Laubfall
Experimente mit ~ 167
Lebermoos 15
Lebensmittel und Kompost 145, 196
Lehm im Boden 122, 123, 142
Lehmböden 13, 100, 114, 125, 157
Lithophyten 138, 139
Louisianamoos 139
Löwenzahn 26, 211, 217

M

Mähen von Pflanzen 28
und Rasen 40
Marcescence 161
Marsch 143
Meristem 28
mehrjährige Pflanzen 118
Meisenknödel
Zubereitung 204-205

Mikroklima 58, 169, 174
Mikrovermehrung 17, 44, 71
Minze, Fähigkeit zur Verbreitung 17
Missouri Botanical Garden 16
Mist 148-149
Mistbeete
- Anlegen von ~n 207
Möhren 30, 42-43, 141
Moos 15
- und Rasen 198-199
Monokarpische Pflanzen 87
Mulch 165

N

Nacktschnecken 9
- bevorzugte Pflanzen 194-195
- und Bier 208
- Rückkehr in den Garten 217
- Unterschied zu Gehäuseschnecken 200-201
Nadelbäume 52
Nektar 70, 74, 75, 92
- und Schmetterlinge 210, 211
- Produktion von ~ 80, 81
Nematoden 42, 128, 129, 134, 208

O

obligatorische Parasiten 138
Orchideen 67, 70, 138-139
- Samen von ~ 35, 44-45

P

Paprika, Schote 58
Pastinaken 176, 177
Petersilie, Anbau von ~ 23
Pflanzen
- Abhärten 170
- Anbau ohne Boden 138
- Anbaupflanzen: Gründe für Scheitern 57
- Anzahl von ~ 15, 16
- in arktischen und Gebirgsregionen 171
- Bandbreite an Arten 14
- Beziehung zu Bestäubern 67
- und Dornen 53
- Farbänderung bei Stress 164
- und Frost 170-171
- Gießen bei feuchten Bedingungen 162
- Gießen bei Sonne 156
- und heißer Boden 165
- hungring nach Nährstoffen 164
- mit samenlosen Früchten 76
- Lebensdauer 32, 33
- schmetterlingsfreundlich 211
- Sprechen mit ~ 47
- Topfpflanzen 132, 133, 137
- Überleben ohne Wasser 168-169
- Überlebensrate bei Wild- u. Anbaupflanzen 56
- als Unkraut 26
- Unterkühlung 170-171
- Verbreitung von Pflanzen 17
- Wassertransport in ~ 60-61
- und Winter 184
- Wurzelsystem 98-99, 120, 121, 130
- und Wüsten 178-179
Pilze 14, 21, 50-51
- und Bäume 102-105, 116, 117, 130
- und Erdreich 101, 130, 134
- Kompost 198, 206
- Orchideen 44, 45
- Pilzinfektionen 151, 156, 162
- und Schnee 181
Plant List 16
Pollan, Michael 88
Pollen 89

R

Ramets 27
Rasen 40
- und Moos 198-199
- Pflanzenauswahl 203
Raupen 183
Regenschatten 174
Regenwasser und Boden 100
Römer und Vergiftung des Bodens 126
Rost (Werkzeug), Verbreitung von ~ 216
Rote Bete 23
Rückgewinnung des Bodens 143

S

Salz, Auswirkungen von ~ auf den Boden 126-127
Samen 44-45, 59
- Ausbreitung 21
- Aussaat 29
- Definiton von 21
- Fähigkeit zu überleben 38-39
- Keimen der ~ 22-23
- Keimruhe 23
- Orchideensamen 44-45
- Sammeln von 29, 30-31
- Samentausch 31
- von Wasser transportierte ~ 62-63
- und der Wind 35
- wissen, wo oben ist 59
Samenbanken 39
Schädlinge, Pflanzen und Unkraut 217
Schlammen des Bodens 142
Schmetterlinge 210-211

Schmetterlingsflieder 49, 211
Schnee 52, 180-181
und Gras 180
Schneeglöckchen 184
Schneeschimmel 181
Schuppen 190
Solarisation 165
Sommer 101, 118, 179, 184
Bäume im ~ 13, 34, 61, 161
Blätter 20, 161
Blühen 173, 184
Boden im ~ 101, 125, 165, 173
Grundwasserspiegel 119
Raupen 183
Samenproduktion 22
Zurückschneiden 215
Zwiebeln 173
sommergrüne Bäume 16, 53, 159, 160-161
Abwurf der Blätter 166-167
und die Dunkelheit 185
Sonne und Gießen der Pflanzen 156
Sonnenblumenblüten 82
Spinnen und Schuppen 190
Sporen, Pflanze und Vermehrung 21
Stecklinge und Reproduktion 17, 32
Angehen 163
Steine 107-112
Sträucher 36-37
und Bäume 41
Stürme und Bäume 108-109
Sumpfarten 148

T

Teichwasser, Gesundheit des ~s 209
Tiere, im Boden lebend 152-153
Tomatenpflanzen
und kalte Witterung 171
und Salzen des Bodens 136
Töpfe 137, 157. 159, 163, 169
und Schnecken 194
Topfpflanzen
Scheitern 132-133
und Frost 159
und Gartenerde 137
und Überwässerung 132

U

Unkraut, Definition von ~ 26-27, 48-49,
und Schädlingen 217
Urin und Pflanzen 197

V

Vögel, Nahrungspräferenz 204-205

W

Wachs, Pflanze 164
Wasser 60-61
Wasserhyazinthe 139
Wasserlilien 209
Wiesenpflanzen 194
Winter 184, 186-187, 209, 216
Bäume 22, 34, 52, 159, 166
Bienen im ~ 202
Blätter 159, 166
Blühen im ~ 184
Boden 125, 160, 161
einjährige Pflanzen im ~ 118
Frost 101
Grundwasserspiegel 119
Kompost 144
mehrjährige Pflanzen 118
Regen 13, 178
Schnee 180-181
Tiere im ~ 152, 186, 187, 190, 202, 204
Wintergemüse 176-177
Wurzeln 158
Zwiebeln 172, 173
Würmer 8, 42, 96-97, 101, 134, 213
Kommunikation zwischen ~n 128-129
Wüsten
und Überleben der Pflanzen 178-179
Boden- und Felsstruktur 123
Wurzeln 15, 98-99
~ über der Erde/ Luftwurzeln 148
~ und Feuer 113
~ und Frost 158-159
Interaktion zwischen Wurzeln verschiedener Pflanzen 120-121
potenzielle Schäden, verursacht durch ~ 114-115
~ als Teil von Pflanzen 106
~ und Tod von Pflanzen 130

X

Xerophyten 169

Z

Zimmerpflanzen 132-133, 169
Zucker in Pflanzen 180, 182
Zucker-Schalter (Blumen) 92
Zurückschneiden 36-37, 85, 214-215
Zwiebeln
Wachstum von ~ 172-173

Quellennachweise

4 © andrey oleynik | Shutterstock
5, 26 © Helena-art | Shutterstock
6 © Elzbieta Sekowska | Shutterstock
10 © KostanPROFF | Shutterstock
11, 14, 25, 34, 45 (top), 46, 49, 61 (right), 65, 74, 95, 126 (bottom), 128, 147 (top), 194, 199, 201, 211 (top) © Morphart Creation | Shutterstock
12 (right) © Quagga Media | Alamy Stock Photo
12 (left), 19 (bottom) © marijaka | Shutterstock
13 © Ioan Panaite | Shutterstock
14 © ppl | Shutterstock
15, 22, 57, 59, 72, 103 (middle), 153 (bottom), 154, 186, 190 © Hein Nouwens | Shuttertock
18 © www.BillionPhotos.com | Shutterstock
19 (top) © antoninaart | Shutterstock
29 © foodonwhite | Shutterstock
31 © Liliya Shlapak | Shutterstock
32, 58, 88, 135 (bottom), 219 © Royal Horticultural Society
35 © picturepartners | Shutterstock
40 (left) © dabjola | Shutterstock, (bottom) © bnamfa | Shutterstock
41 © DK Arts | Shuttestock
44 © tea maeklong | Shutterstock
47 © AVA Bitter | Shutterstock
55 © Imageman | Shutterstock60:
60 © Jeffrey Coolidge | Getty Images
61 (left) © lubbas | Shutterstock
75 (top) © BJORN RORSLETT | SCIENCE PHOTO LIBRARY
81 (top) © B kimmel | Creative Commons CC-BY-SA-3.0, (bottom) © MRS. NUCH SRIBUANOY | Shutterstock
84 © hidesy | Shutterstock
85 © Elzbieta Sekowska | Shutterstock
97 © Wellcome Library, London CC-BY 4.0
99 © antoninaart | Shutterstock
100 © Jan Havlicek | Shutterstock
103 (top), 150 © Rednex | Shutterstock
103 (bottom) © Christopher Elwell | Shutterstock
104 © Jeneses Imre | Shutterstock
105 (from top) © Iuri | Shutterstock, © Diana Taliun | Shutterstock, © Angel Simon | Shutterstock, © wacpan | Shutterstock, © Veronica Carter | Alamy Stock Photo
106 © Alena Brozova | Shutterstock
108 © Elzbieta Sekowska | Shutterstock
109 © enzozo | Shutterstock
110 © Zerbor | Shutterstock
112 © Mark Herreid | Shutterstock
114 © Akvaartist | Shutterstock
115 © Piotr Marcinski | Shutterstock
116, 119 © ArtMari | Shutterstock
117 © Geoffrey Arrowsmith | Alamy Stock Photo
124 © ninsiri | Shutterstock
125 © Saylakham | Shutetrstock
126 (top), 151 (top), 156 © lynea | Shutterstock
131 © Doremi | Shutterstock
133 (from top) © JIPEN | Shutterstock, © kirillov alexey | Shutterstock, © Manfred Ruckszio | Shutterstock
134 © cha cha cha studio | Shutterstock
137 © diana pryadieva | Shutterstock
140 (top) © DSBfoto | Shutterstock, (bottom) © Elena Schweitzer | Shutterstock
142 © Coprid | Shutterstock
144 © Evan Lorne | Shutterstock
145 © domnitsky | Shutterstock
146 (top) © Marzolino | Shutterstock
146 (bottom), 147 (bottom) © nadiia | Shutterstock
149 © B Brown | Shutterstock
152 © DoubleBubble | Shutterstock
153 (top), 204 © Eric Isselee | Shutterstock
157 © Stephen VanHorn | Shutterstock
158 © Janno Loide | Shutterstock
159 (top) © Kudryashka | Shutterstock, (bottom) © designelements | Shutterstock
160, 161 © Smit | Shutterstock
162 © Marina Lohrbach | Shutterstock
163 © Ossile | Shutterstock
164 © Liliya Shlapak | Shutterstock
165 © grafvision | Shutterstock
166 © LilKar | Shutterstock
167 © DR KEITH WHEELER | SCIENCE PHOTO LIBRARY
169 (bottom) © Lapina | Shutterstock
173 (top) © de2marco | Shutterstock
175 © watin | Shutetrstock
177 (from top) © Binh Thanh Bui | Shutterstock, © Lotus Images | Shutterstock
180 © lixun | Shutterstock
181 © Madlen | Shutterstock
182 © Le Do | Shutterstock
183 © Rockpocket | Creative Commons CC-BY 2.5
185 © hypnotype | Shutterstock
187 © Michiel de Wit | Shutterstock
189 © geraria | Shutterstock
191 © Pavel Vakhrushev | Shutterstock
192, 193 © TunedIn by Westend61 | Shutterstock
196 © hsagencia | Shutterstock
197 © nito | Shutterstock
198 © SOMMAI | Shutterstock
200 © kirian | Shutterstock
205 (top) © optimarc | Shutterstock, (bottom) © Mirek Kijewski | Shutterstock
208 © imaginasty | Shutterstock
210 © Stephen B. Goodwin | Shutterstock
211 (bottom) © jps | Shutterstock
212 © Szasz-Fabian Jozsef | Shutterstock
213 © BERNATSKAYA OXANA | Shutterstock
214 © Serg64 | Shutterstock
216 © movit | Shutterstock

Herausgegeben von Octopus Publishing Group Ltd, London
Originaltitel How do Worms Work?

6. Auflage 2022

Übersetzung: Christiane Sixtus, www.sixtus-translation.de
Gestaltung: Lindsey Johns

ISBN 978-3-7843-5537-5

Printed and bound in China

MIX
Papier | Fördert gute Waldnutzung
FSC® C008047